教育部人文社会科学重点研究基地
山西大学“科学技术哲学研究中心”基金
山西省优势重点学科基金
资　助

山西大学
认知哲学丛书
魏屹东　主编

丹尼特的自然主义认知哲学

宋尚玮/著

科学出版社
北　京

图书在版编目(CIP)数据

丹尼特的自然主义认知哲学 / 宋尚玮著. —北京：科学出版社，2016.7

（认知哲学丛书 / 魏屹东主编）

ISBN 978-7-03-048900-5

Ⅰ. ①丹…　Ⅱ. ①宋…　Ⅲ. ①自然主义-认知科学-研究　Ⅳ. ①B842.1

中国版本图书馆 CIP 数据核字（2016）第136497号

丛书策划：侯俊琳　牛　玲

责任编辑：朱萍萍 / 责任校对：张怡君

责任印制：张　伟 / 封面设计：无极书装

编辑部电话：010-64035853

E-mail:houjunlin@mail. sciencep.com

科学出版社 出版

北京东黄城根北街 16 号

邮政编码：100717

http://www.sciencep.com

北京厚诚则铭印刷科技有限公司 印刷

科学出版社发行　各地新华书店经销

*

2016 年 7 月第 一 版　开本：720 × 1000 B5

2021 年 1 月第四次印刷　印张：11 3/4

字数：216 000

定价：68.00 元

（如有印装质量问题，我社负责调换）

丛 书 序

21 世纪以来，在世界范围内兴起了一个新的哲学研究领域——认知哲学（philosophy of cognition）。认知哲学立足于哲学反思认知现象，既不是认知科学，也不是认知科学哲学、心理学哲学、心灵哲学、语言哲学和人工智能哲学的简单加合，而是在梳理、分析和整合各种以认知为研究对象的学科的基础上，立足于哲学（如语境实在论）反思、审视和探究认知的各种哲学问题的研究领域。认知哲学不是直接与认知现象发生联系，而是通过以认知现象为研究对象的各个学科与之发生联系。也就是说，它以认知概念为研究对象，如同科学哲学是以科学为对象而不是以自然为对象，因此它是一种"元研究"。

在这种意义上，认知哲学既要吸收各个相关学科的理论成果，又要有自己独特的研究域；既要分析与整合，又要解构与建构。它是一门旨在对认知这种极其复杂的心理与智能现象进行多学科、多视角、多维度整合研究的新兴研究领域。认知哲学的审视范围包括认知科学（认知心理学、计算机科学、脑科学）、人工智能、心灵哲学、认知逻辑、认知语言学、认知现象学、认知神经心理学、进化心理学、认知动力学、认知生态学等涉及认知现象的各个学科中的哲学问题，它涵盖和融合了自然科学和人文科学的不同分支学科。

认知哲学之所以是一个整合性的元哲学研究领域，主要基于以下理由：

第一，认知现象的复杂性，决定了认知哲学研究的整合性。认知现象既是复杂的心理与精神现象，同时也是复杂的社会与文化现象。这种复杂性特点必然要求认知科学是一门交叉性和综合性的学科。认知科学一般由三个核心分支学科（认知心理学、计算机科学、脑科学）和三个外围学科（哲学、人类学、语言学）构成。这些学科不仅构成了认知科学的内容，也形成了研究认知现象的不同进路。系统科学和动力学介入对认知现象的研究，如认知的动力论、感知的控制论和认知的复杂性研究，极大地推动了认知科学的发展。同时，不同学科之间也相互交融，形成新的探索认知现象的学科，如心理学与进化生物学交叉产生的进化心理学，认知科学与生态学结合形成的认知生态学，神经科学与认知心理学结合产生的认知神经心理学，认知科学与语言学交叉形成的认知语义学、认知语用学和认知词典学。这些新学科的产生增加了探讨认知现象的新进路，也说明对认知现象本质的揭示需要多学科的整合。

第二，认知现象的根源性，决定了认知哲学研究的历史性。认知哲学之所以能够产生，是因为认知现象不仅是心理学和脑科学研究的领域，也历来是哲学家们关注的焦点。这里我粗略地勾勒出一些哲学家的认知思想——奥卡姆（Ockham）的心理语言、莱布尼茨（G.W. Leibniz）的心理共鸣、笛卡儿（R. Descartes）的心智表征、休谟（D. Hume）的联想原则（相似、接近和因果关系）、康德（I. Kant）的概念发展、弗雷格（F. Frege）的思想与语言同构假定、塞尔（J. R. Searle）的中文屋假设、普特南（Hilary W. Putnam）的缸中之脑假设等。这些认知思想涉及信念形成、概念获得、心理表征、意向性、感受性、心身问题，这些问题与认知科学的基本问题（如智能的本质、计算表征的实质、智能机的意识化、常识知识问题等）密切相关，为认知科学基本问题的解决奠定了深厚的思想基础。可以肯定，这些认知思想是我们探讨认知现象的本质时不可或缺的思想宝库。

第三，认知科学的科学性和人文性，决定了认知哲学研究的融合性。认知科学本身很像哲学，事实上，认知科学的交叉性与综合性已经引发了科学哲学的“认知转向”，这在一定程度上从认知层次促进了自然科学与人文科学、科学主义与人文主义的融合。我认为，在认知层面，科学和人文是统一的，因为科学知识和人文知识都是人类认知的结果，认知就像树的躯干，科学和人文就像树的分枝。例如，对认知的运作机制及规律、表征方式、认知连贯性和推理模型的研究，势必涉及逻辑分析、语境分析、语言分析、认知历史分析、文化分析、心理分析、行为分析，这些方法的运用对于我们研究心灵与世界的关系将大有益处。

第四，认知现象研究的多学科交叉，决定了认知哲学研究的综合性。虽然认知过程的研究主要是认知心理学的认知发展研究、脑科学的认知生理机制研究、人工智能的计算机模拟，但是科学哲学的科学表征研究、科学知识社会学的“在线”式认知研究、心灵哲学的意识本质、意向性和心脑同一性的研究，也同样值得关注。因为认知心理学侧重心理过程，脑科学侧重生理过程，人工智能侧重机器模拟，而科学哲学侧重理性分析，科学知识社会学侧重社会建构，心灵哲学侧重形而上学思辨。这些不同学科的交叉将有助于认知现象的整体本质的揭示。

第五，认知现象形成的语境基底性，决定了认知哲学研究的元特性以及采取语境实在论立场的必然性。拉考夫（G. Lakoff）和约翰逊（M. Johnson）认为，心灵本质上是具身的，思维大多是无意识的，抽象概念大多是隐喻的。我认为，心理表征大多是非语言的（图像），认知前提大多是假设的，认知操作大多是建模的，认知推理大多是基于模型的，认知理解大多是语境化的。在人的世界中，一切都是语境化的。因此，立足语境实在论研究认知本身的意义、分类、预设、结构、隐喻、假设、模型及其内在关系等问题，就是一种必然选择，事实上，语境实在论在心理学、语言学和生态学中的广泛运用业已形成一种趋势。

需要指出的是，与“认知哲学”极其相似也极易混淆的是“认知的哲学”（cognitive philosophy）。在我看来，“认知的哲学”是关于认知科学领域所有论题的哲学探究，包括意识、行动者和伦理，最近关于思想记忆的论题开始出现，旨在帮助人们通过认知科学之透镜去思考他们的心理状态和他们的存在。在这个意义上，“认知的哲学”其实就是“认知科学哲学”，与“认知哲学”相似但还不相同。我们可以将“cognitive philosophy”译为“认知的哲学”，将“philosophy of cognition”译为“认知哲学”，以便将二者区别开来，就如同“scientific philosophy”（科学的哲学）和“philosophy of science”（科学哲学）有区别一样。“认知的哲学”是以认知（科学）的立场研究哲学，“认知哲学”是以哲学的立场研究认知，二者立场不同，对象不同，但不排除存在交叉和重叠。

如果说认知是人们如何思维，那么认知哲学就是研究人们思维过程中产生的各种哲学问题，具体包括以下十个基本问题。

（1）什么是认知，其预设是什么？认知的本原是什么？认知的分类有哪些？认知的认识论和方法论是什么？认知的统一基底是什么？有无无生命的认知？

（2）认知科学产生之前，哲学家是如何看待认知现象和思维的？他们的看法是合理的吗？认知科学的基本理论与当代心灵哲学范式是冲突的还是融合的？能否建立一个囊括不同学科的、统一的认知理论？

（3）认知是纯粹心理表征还是心智与外部世界相互作用的结果？无身的认知能否实现？或者说，离身的认知是否可能？

（4）认知表征是如何形成的？其本质是什么？有没有无表征的认知？

（5）意识是如何产生的？其本质和形成机制是什么？它是实在的还是非实

在的？有没有无意识的表征？

（6）人工智能机器是否能够像人一样思维？判断的标准是什么？如何在计算理论层次、脑的知识表征层次和计算机层次上联合实现？

（7）认知概念（如思维、注意、记忆、意象）的形成的机制和本质是什么？其哲学预设是什么？它们之间是否存在相互作用？心－身之间、心－脑之间、心－物之间、心－语之间、心－世之间是否存在相互作用？它们相互作用的机制是什么？

（8）语言的形成与认知能力的发展是什么关系？有没有无语言的认知？

（9）知识获得与智能发展是什么关系？知识是否能够促进智能的发展？

（10）人机交互的界面是什么？人机交互实现的机制是什么？仿生脑能否实现？

当然，在认知发展中无疑会有新的问题出现，因此认知哲学的研究域是开放的。

在认知哲学的框架下，本丛书将以上问题具体化为以下论题。

（1）最佳说明的认知推理模式。最佳说明的认知推理研究是科学解释学的一个重要内容，是关于非证明性推理中的一个重要类型，在法学、哲学、社会学、心理学、化学和天文学中都能找到这样的论证。除了在科学中有广泛应用外，最佳说明的认知推理也普遍存在于日常生活中，它已成为信念形成的一种基本方法。探讨这种推理的具体内涵与意义，对人们的观念形成以及理论方面的创新是非常有裨益的。

（2）人工智能的语境范式。在语境论视野下，将表征和计算作为人工智能研究的共同基础，用概念分析方法将表征和计算在人工智能中的含义与其在心灵哲学、认知心理学中的含义相区别，并在人工智能的符号主义、联结主义及行为主义这三个范式的具体语境中厘清这两个核心概念的具体含义及特征，从而使人工智能哲学与心灵哲学区别开来，并基于此建立人工智能的语境范式来说明智能的认知机制。

（3）后期维特根斯坦（L. Wittgenstein）的认知语境论。维特根斯坦作为20世纪的大哲学家，其认知思想非常丰富，且前后期有所不同。对前期维特根斯坦的研究大多侧重于其逻辑原子论，而对其后期的研究则侧重于语言哲学、现象学、美学的分析。从语言哲学、认知科学和科学知识社会学三方面来探讨后期维特根斯坦的认知语境思想，无疑是认知哲学研究的一个重要内容。

（4）智能机的自语境化认知。用语境论研究认知是回答以什么样的形式、基点或核心去重构认知哲学未来走向的一个重大问题。通过构建一个智能机自语境化模型，对心智、思维、行为等认知现象进行说明，表明将智能机自语境化认知作为出发点与落脚点，就是以人的自语境化认知过程为模板，用智能机来验证这种演化过程的一种研究策略。这种行为对行为的验证弥补了以往“操作模拟心灵”的缺陷，为解决物理属性与意识概念的不搭界问题提供了新思路。

（5）意识问题的哲学分析。意识是当今认知科学中的热点问题，也是心灵哲学中的难点问题。以当前意识研究的科学成果为基础，从意识的本质、意识的认知理论及意识研究的方法论三个方面出发，以语境分析方法为核心探讨意识认知现象中的哲学问题，提出了意识认知构架的语境模型，从而说明意识发生的语境发生根源。

（6）思想实验的认知机制。思想实验是科学创新的一个重要方法。什么是思想实验？它们怎样运作？在认知中起什么作用？这些问题需要从哲学上辨明。从理论上理清思想实验在哲学史、科学史与认知科学中的发展，有利于辨明什么是思想实验，什么不是思想实验，以及它们所蕴含的哲学意义和认知机制，从而凸显思想实验在不同领域中的作用。同时，借助思想实验的典型案例和认知科学家对这些思想实验的评论，构建基于思想实验的认知推理模型，这有利于在跨学科的层面上探讨认知语言学、脑科学、认知心理学、人工智能、心灵哲学中思想实验的认知机制。

（7）心智的非机械论。作为认知哲学研究的显学，计算表征主义的确将人类心智的探索带入一个新的境界。然而在机械论观念的束缚下，其“去语境化”和“还原主义”倾向无法得到遏制，因而屡遭质疑。因此，人们自然要追问：什么是更为恰当的心智研究方式？面对如此棘手的问题，从世界观、方法论和核心观念的维度，从“心智、语言和世界”整体认知层面，凸显新旧两种研究进路的分歧和对立，并在非机械论框架中寻求一个整合心智和意义的突破点，无疑具有重大意义。

（8）丹尼特（D. Dennett）的认知自然主义。作为著名的认知哲学家，丹尼特基于自然主义立场对心智和认知问题进行的研究，在认知乃至整个哲学领域都具有重大意义。从心智现象自然化的角度对丹尼特的认知哲学思想进行剖析，弄清丹尼特对意向现象进行自然主义阐释的方法和过程，说明自由意志的自然化是意识自然化和认知能力自然化的关键环节。

（9）意识的现象性质。意识在当代物理世界中的地位是当代认知哲学和心灵哲学中的核心问题。而意识的现象性质又是这一问题的核心，成为当代心灵哲学中物理主义与反物理主义争论的焦点。在这场争论中，物理主义很难坚持纯粹的物理主义一元论，因为物理学只谈论结构关系而不问内在本质。当这两个方面都和现象性质联系在一起时，物理主义和二元论都看到了希望，但作为微观经验的本质如何能构成宏观经验，这又成了双方共同面临的难题。因此，考察现象性质如何导致了这样一系列问题的产生，并分析了意识问题可能的解决方案与出路，就具有重要意义了。

（10）认知动力主义的哲学问题。认知动力主义被认为是认知科学中区别于认知主义和联结主义的、有前途的一个研究范式。追踪认知动力主义的发展动向，通过比较，探讨它对于认知主义和联结主义的批判和超越，进而对表征与非表征问题、认知动力主义的环境与认知边界问题、认知动力主义与心灵因果性问题进行探讨，凸显了动力主义所涉及的复杂性哲学问题，这对于进一步弄清认知的动力机制是一种启示。

本丛书后续的论题还将对思维、记忆、表象、认知范畴、认知表征、认知情感、认知情景等开展研究。相信本丛书能够对认知哲学的发展做出应有的贡献。

魏屹东

2015年10月13日

前　言

丹尼尔·丹尼特（*Daniel Dennett*）是美国著名的心灵哲学家和认知科学家，也是近四十年来世界认知哲学领域最著名、最富有影响力的学者之一。丹尼特在心智的功能主义理论发展和心理现象的进化论研究方面颇有建树，是自然主义认知研究进路的主要代表。除此之外，他还擅长人工智能哲学和生物哲学（尤其是与神经科学和进化论相关的领域），对动物行为学和伦理学也有一定的研究，是一位涉猎相当广泛的学者。

出身书香门第的丹尼特从小就非常善于思考，他对问题的看法往往能够摆脱传统的框架，展现出超前的意识。在神经科学和人工智能刚刚起步的时代，虽然人们已经认识到大脑是心理现象产生的物质基础，但心灵哲学研究却仍然停留在固有的思辨模式中裹足不前，很少有哲学家会把大脑或神经科学研究与心理现象的解释联系在一起。丹尼特则极力反对这种“闭门造车”的研究方式。在他看来，科学进路是揭示心智奥秘的必经之路，也是唯一有可能成功的道路。为此，他努力使自己成为哲学与科学的牵线人，除了将个人的哲学任务确定为在人的“科学形象”与“外显形象”之间进行协调之外，他还不遗余力地向普通民众宣传科学在人类社会文化生活中的作用，提高大众对科学世界观的认知度。因此，丹尼特除了是一位哲学家，还是一位非常受欢迎的科普作家。

在理解丹尼特的学术观点和理论体系的过程中，有三个方面的内容是特别重要的，也是丹尼特协调人的“科学形象”与“外显形象”的主要构成部分：首先，他对人的意向现象所做的自然化解释——人的意向能力不是某个智能“小人”的意向能力的体现，而是大量非智能“小人”通过特殊方式结合在一起而产生的，人的意向性可以在由人的层面下降到亚人、亚亚人……神经元层面的过程中逐渐减少直至完全消失；其次，他对意识现象的自然化理解——意识不是“笛卡儿剧场”，而是“多重草稿”之间的竞争，意识现象既是人类基因自然进化的结果，也是社会模因进化的产物，是在自然与社会双重进化作用下形成的；最后，他对颇具争议的自由意志现象的自然化论证——自由意志并非人生而具有的本质特性，而是人在社会环境下在将自己训练成为遵守社会规范的社会成员的过程中逐渐获得的行为选择能力，这种能力很大程度上是人类社会交往和社会成员相互作用的产物。

丹尼特是一位非常高产的哲学家，截至目前，他已经出版了个人专著和论文集 15 部，发表论文近 200 篇，其中以意向性为主要研究内容的《意向立场》和以意识为主要研究内容的《意识的解释》是其最重要的两部著作，也是其心智哲学思想的主要体现，在学术界具有非常大的影响。《心灵种种》是上述两部著作的科普版，内容浅显易懂，语言生动有趣。《自由的进化》则是丹尼特在自由意志问题研究方面的代表作，他在其中不仅阐明了自己的相容论立场，更为我们描绘了一幅自由意志的进化图景。目前这四部著作都已有中译本，为我们研究丹尼特的理论体系提供了许多便利。

我与丹尼特学术思想的接触相当偶然。大约 10 年前，在刚进入心灵哲学领域的时候，我无意中读到了丹尼特的一篇自传，他的自然主义的学术立场和幽默风趣的语言表达方式深深地吸引了我。不过由于我当时从事心灵哲学与认知科学的研究时间不久，对其中的许多问题还比较陌生，加之丹尼特在自传中并没有对他的观点进行详细论述，导致我在理解他的思想时遇到了不小的困难。在查阅文献的过程中，我发现，相比于丹尼特的国际影响力，国内对他的关注度不太高，以其学术思想作为主要研究内容的文献相对比较少，且主要集中在他的意向理论方面。于是我决定对丹尼特的理论体系进行全面而细致地梳理和探讨，希望能够发掘出更多、更有价值的观点。

10 年的时间一晃而过，我对丹尼特的学术思想有了更加深刻的理解，也形成了对其学术地位和学术价值的个人看法。不过，由于研究水平有限，研究的内容也相对局限，书中难免会有一些不尽如人意之处，希望广大读者批评指正，也希望本书能够成为抛砖引玉之作，吸引更多学者对丹尼特或认知问题进行研究。

宋尚玮

2016 年 5 月

目　录

绪　论

心灵哲学是一个相当古老的哲学分支，其中包含了许多扑朔迷离又引人入胜的问题。早在古希腊时期，人们就开始了对思维、感觉、记忆和灵魂等心灵问题的探讨，不过对心灵哲学的研究一直都不是哲学研究的重点。第一位在这个领域取得重大理论突破的学者是法国哲学家笛卡儿，他的身心二元论对心灵问题的研究范式产生了深远的影响。但在笛卡儿之后的两百多年间，心灵哲学的研究始终进展缓慢。直到20世纪初期，在维特根斯坦以“语言游戏”为核心概念的语言学理论影响下，心灵哲学领域形成了以牛津大学的吉尔伯特·赖尔（Gilbert Ryle）为主要代表的行为主义心灵理论（哲学的行为主义又称为逻辑行为主义，与心理学的行为主义或称方法论的行为主义有所区别）。作为心灵哲学史上第一个物理主义理论，该理论对笛卡儿的身心二元论产生了巨大冲击，导致实体二元论迅速衰落，同时也开启了心灵哲学研究的物理主义时代。之后的心灵哲学历经行为主义、同一论、功能主义的理论更替。20世纪50年代之后，在人工智能、神经科学、脑科学、心理学、人类文化学、语言学及哲学等众多学科的共同参与下，学术界逐渐形成了对包括心灵问题在内的整个人类认知现象的多视角、跨学科研究，人类对心与认知问题的探索走上了学科发展的“快车道”。时至今日，心与认知的问题仍然是哲学和自然科学研究中最热门的话题之一。

丹尼尔·克莱门特·丹尼特（Daniel Clement Dennett）是心智与认知问题研究领域的著名学者。他师从被称为美国哲学“大统领”的哲学家奎因（Willard Van Orman Quine）和行为主义大师赖尔，其学术思想深受两位导师的影响。在心智与认知问题的研究范式上，丹尼特接受了赖尔的主张，坚决抵制以超自然的（supernatural）事物或超自然力解释心智能力的“笛卡儿式心灵观”[①]。他致力于为心灵“去魅”（demystifying mind）——去除心灵中那些神秘的、超自然的成分，抛弃精神实体或“小人”（homunculus）这类“机器中的幽灵”（ghost in the machine）[②]，使心灵研究建立在物理主义的本体论承诺之上。另一方面，作为人文学者，他对科学研究成果，尤其是与大脑神经系统的工作机制和进化过程有关的科学成果抱有极大的兴趣，并将这些研究成果融入到自己的心智解释理论中，这是继承了奎因的自然主义认识论的精神内涵[③]。最终，丹尼特以自然主义本体观和方法论为基础，通过对意向性、意识和自由意志三种最重要的认知现象进行自然主义解释，建立了一套极具个人特色的“自然主义（naturalist）认知理论”体系。该体系通过构建心智与认知现象的科学解释理论，驳斥了心灵的不可知论，建立起以自然的、科学的方式理解心智的有效途径。

在丹尼特的学术生涯早期，同时代的心灵哲学研究者们更欣赏和擅长对心理现象进行思辨研究，他们并不认为自然科学能为心灵的解释工作提供帮助。而丹尼特的心智理论则显得哲学思辨不足且实证主义色彩浓厚，尤其是他对心灵的解释很大程度上建立在人工智能、神经科学和进化理论的研究基础上，这是相当反传统、反常规的做法[④]。因此，丹尼特的同事们普遍对他的科学方法论持怀疑甚至否定态度。

不过，后来认知科学的发展充分说明，他的这种标新立异甚至离经叛道的研究方法是很有前瞻性的，而他的成果不仅在哲学界，甚至在人工智能、动物行为学、心理学以及生物学等学科中都产生了巨大的影响。正因为如此，丹尼特可以称得上是心灵哲学研究的革命者：他的研究生涯虽起始于心灵哲学发展的黄金时代，但其研究方法和研究范式却具有认知革命的前瞻性和开拓性。他的心灵解释理论与其说是心智哲学，不如说是认知哲学更为准确。鉴于其在心智与认知领域的杰出贡献，丹尼特 2001 年被授予有着心灵哲学界诺贝尔奖之称

---

① 笛卡儿式心灵观既包括笛卡儿本人的心物二元论，也包括那些名义上放弃笛卡儿二元论，实质上却仍然希望为心灵寻找某个“中心控制者”或“小人”的理论。丹尼特认为这些理论仍然未能摆脱笛卡儿式心灵解释模式，因此也属于“笛卡儿式二元论”，丹尼特对该问题的探讨在第四章将会涉及。

② “机器中的幽灵”是赖尔提出的术语，用来描述笛卡儿心物二元论的荒谬性，详细内容参见其《心的概念》一书（商务印书馆，2008）。

③ 奎因曾提出，哲学家不能只坐在摇椅上冥想，而应关注自然科学研究，把握自然科学成果，并将其纳入哲学理论的建构中。遗憾的是奎因本人并未能实现他的这种设想，而丹尼特则将这种研究进路贯彻到底，并因此获得了奎因的认同和欣赏。

④ 20 世纪八九十年代，神经科学研究取得了重大突破，以克里克（Francis Crick）和考克（Christof Koch）为代表的神经科学家为意识等心智现象提供了卓越的神经科学解释。直到这时，利用神经科学研究成果解决心灵问题的做法才得到了学术界的认可和推崇。

的冉尼科德奖（Jean Nicod Prize）[①]，这充分体现了学术界对他四十多年研究工作的认可与肯定。

除了在心与认知研究的学术领域推行自然主义进路，丹尼特还试图将自然主义思想推广至普通民众对宗教信仰问题的理解方式中。宗教是一种重要的社会文化现象。在许多国家，具有宗教信仰是人们社会生活的重要组成部分。但对于丹尼特这样的自然主义者来说，宗教教义里预设的“宗教神”——无论“上帝”或其他任何形式的宗教神灵——都是不存在的。虽然短时间内不能也不应将宗教信仰从人们的社会生活中消除掉，但人们应当认识到“有神论”（theism）是一场骗局，宗教中的神灵只是一个人们想象出来的“虚幻之物”。丹尼特本人是一位坚定的无神论者（atheist）和世俗主义者（secularist）。他加入了“美国世俗联盟咨询委员会”（Secular Coalition for America Advisory Board）[②]，并积极参与著名的“光明运动”（Brights Movement）[③]，为促进公众对无神论和无宗教论的理解，提高人们对自然主义世界观的认识和接受度而摇旗呐喊。2004年，美国人文主义协会（American Humanist Association）授予丹尼特“年度人文主义者”（Humanist of the Year）称号，以表彰他在宣传无神论世界观和世俗人文主义（Secular Humanism）人生观方面的功绩。2010年，宗教自由基金会（Freedom From Religion Foundation）的名誉董事会又授予他“杰出成就者”的称号。鉴于丹尼特作为宗教批判者和无神论倡导者的活跃表现，人们将他与理查德·道金斯（Richard Dawkins）、萨姆·哈里斯（Sam Harris）和克里斯托弗·希钦斯（Christopher Hitchens）一起并称为“新无神论四骑士”（Four Horsemen of New Atheism）[④]。

本书要将丹尼特这位心智与认知哲学家的主要学术思想介绍给大家。鉴于他的基本研究进路是自然主义的，本书在内容的选择上有所侧重，将与心智和认知现象自然化相关的学术成果统一在“自然主义认知哲学”的主旨之下进行探讨，相应地忽略了对丹尼特在伦理学、动物行为学、人工智能哲学等方面成

---

① 冉尼科德奖：冉尼科德奖于1993年为纪念法国哲学家、逻辑学家冉尼科德（Jean Nicod）诞辰百年而设置，每年颁发给在心灵哲学领域有重大贡献的哲学家或科学家。获奖者包括哲学家福多（Jerry Fodor）、德雷斯基（Fred Dretske）、戴维森（Donald Davidson）、塞尔（John Searle）等对心灵哲学和认知科学的发展有过杰出贡献的人物。

② 美国世俗联盟是一家位于美国首都华盛顿的机构组织，主要职责是为美国无神论者的利益代言。

③ “光明运动”是由富特雷尔（Mynga Futrell）和盖泽特（Paul Geisert）在2003年发起的一场社会文化运动，旨在促进公众对自然主义的、非宗教世界观的理解和认可。富特雷尔将“光明”一词定义为拥有自然主义世界观、摒弃超自然和神秘物的那些个人，而丹尼特则建议将相信超自然物的人称为“超人”（supers）。

④ “四骑士”原意为《圣经·启示录》中的“天启四骑士”，即人类的四大灾难——战争、瘟疫、饥饿、死亡。这里借用“四骑士”的说法突出上述四人在批判宗教有神论、宣传无神论方面的重要作用。

果的叙述。另外，由于丹尼特近十多年来一直致力于对宗教进行自然化解释，因此本书对这部分内容也有所涉及。以下是各部分内容的概要。

第一章“丹尼特的学术经历”是对丹尼特整个学术生涯的梳理和回顾，从中可以看出丹尼特的学术框架和研究轨迹是如何形成的，哪些学科、哪些学者对他的学术成长提供了积极的帮助。了解了这些内容，我们将能更好地把握丹尼特思想理论的发展脉络和基本工作纲领。本章还对他的无神论和宗教研究进行了一些概括性说明。虽然宗教不属于认知研究的范围，但丹尼特关于宗教应当接受客观、科学地研究的主张与他的自然主义精神是契合的，因此在这里简要提及。

第二章“丹尼特的学术背景”主要描述了与丹尼特进行心智和认知研究有关的学术环境，包括学界对于心灵是否能够纳入科学研究范围的争论、学者对于心的本体论地位的看法以及丹尼特对以科学方法研究心智和认知问题的立场。此外，本章还指出了我们理解丹尼特学术思想时应注意的几个问题，以及笔者认为丹尼特的理论中需要给予特殊关注的几个方面，希望能够对把握其观点和立场有所帮助。

第三章“意向性的自然化”从三个方面对丹尼特的意向理论进行了阐述。首先，我们将介绍他创立的三个术语，也是我们解释和预测某个物理系统时可以采取的三种策略——物理立场（physical stance）、设计立场（design stance）和意向立场（intentional stance），以及通过意向策略的应用所形成的意向系统理论，我们将对该理论的适用范围和有效性进行说明。其次，我们将阐明丹尼特关于意向性的形而上学立场——“温和实在论”（mild realism），这不仅是其意向系统理论的本体论承诺，也是他对“工具主义”（instrumentalism）质疑的回应。最后，我们将探讨丹尼特所构建的意向性的进化史，指出人的意向性是由大脑各组成部分的意向性构成的，纯粹的机械组织在意向立场下也可以展现出意向性。

第四章“意识的自然化”是对丹尼特意识理论的一次全面剖析。丹尼特强调，欲对意识现象进行自然化解释，首先必须改变研究意识的笛卡儿式进路，因此我们首先分析了笛卡儿意识理论的各种特征以及丹尼特对这些特征的批判。在此基础上，丹尼特提出了意识研究的第三人称方法——异现象学方法（heterophenomenology），以及他的意识理论——多重草稿模型（the Multiple Drafts Model）。他的基本观点是：大脑中存在许多处于竞争状态的信息团——草稿，意识就是在这些草稿的“群魔混战”中获胜的草稿所携带的信息。与意向性的自然化一样，丹尼特仍然借助了进化理论来解释意识的演化。不过，对于意识现象的产生，纯粹的自然进化过程只是必要条件，大脑还需要经历文化进化过程才能实现意识感受，这些内容都会在第四章进行详细的阐述。

第五章“自由意志的自然化”旨在阐释丹尼特的自由意志相容论（compatibilism）观点，及其对自由意志的发生演化历程所做的理论构想。在对不相容论（incompatibilism）观点的驳斥中，丹尼特重新解释了自我控制、理性和可避免性这三个与自由意志密切相关的重要概念，将它们纳入意向立场范畴，以此来解决自由意志与决定论（determinism）的相容性问题。在解释自由如何从无到有产生时，丹尼特再次运用了进化论考察的方法进行大胆设想，不过这一次扮演主要角色的是各种文化要素。最终，在文化进化的促使下，人类由于能够承担责任而获得了社会群体给予的选择权，这就是丹尼特对自由意志的理解。

第六章“丹尼特认知理论的定位与特征”是对丹尼特心智与认知研究成果进行的定性和评价。从宏观方面来说，丹尼特的认知理论是逻辑行为主义与功能主义的混合体，既吸收了两者的理论精华，又对它们进行了改进；从微观方面来说，丹尼特的理论呈现出自然主义、反本质主义与非还原论特征。把握这些宏观和微观特点，将有利于我们更好地理解丹尼特的理论贡献和学术地位。

第一章 丹尼特的学术经历

第一节　求学之路

丹尼特1942年3月28日出生于美国马萨诸塞州府波士顿，祖父是一位医生，父亲曾是美国克拉克大学（Clark University）的教师，并在哈佛大学获得了伊斯兰教史的博士学位。幼年时，丹尼特在黎巴嫩首都贝鲁特生活过一段时间。当时，他的父亲表面上是贝鲁特一所大学的教师，实际则是美国军方情报机构的一位秘密工作人员。1947年，丹尼特的父亲在执行任务途中遭遇飞机失事而遇难，之后母亲便带着年幼的他回到了父亲的家乡——美国波士顿市郊的温彻斯特（Winchester）小镇。

十一二岁时，丹尼特便开始懵懂地思考一些属于哲学领域的问题，并显示出在此方面的过人天赋，这也使周围人都坚信这个聪明的孩子将来一定会成为一位杰出的人文学者。虽然丹尼特最初没有像家人期望的那样进入哈佛大学，而是去了卫斯理大学（Wesleyan University）学习，不过他第一年的大学生活却是收获颇丰。当时的青年教师，后来的逻辑学家亨利·基尔堡（Henry Kyburg）作为数学老师引导他进入了数理逻辑的世界，使他第一次接触到了维特根斯坦（Ludwig Wittgenstein）、拉姆塞（Frank Ramsey）及哲学大师奎因的著作。正是奎因的《从逻辑的观点看》激发了丹尼特的求知欲和探索欲，使他下决心转到哈佛大学亲自向奎因求教。1960年秋，丹尼特如愿成为了哈佛大学的一名本科生。在奎因的语言哲学课上，他与大卫·刘易斯（David Lewis）、托马斯·内格尔（Thomas Nagel）、索尔·克里普克（Saul Kripke）等后来的哲学大师们成了同学。值得注意的是，在哈佛学习期间，丹尼特关注的哲学问题与他的同学们不太一样，他沉迷于赖尔的《心的概念》，对心灵问题的解释理论抱有极大的兴趣。他赞同赖尔的逻辑行为主义观点，同时也意识到赖尔的思想体系中存在不尽如人意之处，这成为促使他大学毕业后前往牛津大学继续深造的原因。

哈佛大学的学习经历不仅提升了丹尼特的哲学素养，也使他确定了自己将要为之奋斗终生的目标——成为一位心灵哲学和语言哲学家。1963 年，丹尼特进入了牛津大学赫特福德学院（Hertford College），跟随赖尔继续研究哲学①。此时正值牛津日常语言学派的鼎盛时期，但丹尼特却对以语言分析方法研究心灵问题的前景持悲观态度，他不相信单纯的语言分析能够解决心灵或意识是什么的难题。心灵究竟是什么？他对这个问题的看法与赖尔一致（或者说他受到了赖尔行为主义思想的影响），即心灵不是精神实体，心智现象也不是精神实体的属性，心的状态是一种复杂的倾向性质——一组指导行为、促使行为实施的激发装置；具有某种心理意向就是行动者倾向于在某个情境中以某种特定的行为模式做出行为；行为在心智研究中扮演着极其重要的角色。以上这些观点都显示出丹尼特的心智哲学所具有的鲜明的逻辑行为主义特征。

丹尼特研究心智现象的第二个特征是"第三人称视角"。心灵哲学从笛卡儿时代延续下来的传统是以"第一人称视角"（即主观视角）讨论心理现象。在此视角下，心灵现象较之物理现象具有许多独特性质——主体性、透明性、私密性等。这些性质像坚固的堡垒保护着心灵，凸显出心与物之间的巨大差异，也使许多学者对心灵的科学研究望而却步。在牛津大学求学期间，丹尼特见识了哲学研究者对心灵问题的固执和偏见——心灵问题只能以哲学思辨的方法来解决，科学是否会有所发现与哲学的理论建构无关。不只是哲学研究生们，就连赖尔也对心灵的经验研究漠不关心，这一度使丹尼特有些失望。但他始终坚信，若想理解心灵，就必须知道大脑的工作机制。心智研究的"第三人称视角"——客观的、科学的视角，才是正确和最有希望成功的研究进路。因此，他给自己

① 丹尼特原本申请了牛津大学的另外三所学院，但由于这些学院申请人数过多而没能成功。正当他准备放弃牛津大学转而前往加利福尼亚大学伯克利分校（Berkeley）时，奎因给赖尔写了推荐信，赖尔通过赫特福德学院的朋友为丹尼特争取到一个留学名额。丹尼特当时并不知情，他后来在自传中感慨"我欠两位导师的比想象得要多"。这段小插曲很好地体现了奎因与丹尼特之间的师生情谊，也从侧面反映出奎因对丹尼特才华的欣赏。

制定的目标是“建立一个物理结构，它能够完成心灵所做的令人困惑的事情”[①]。由于没有任何自然科学背景，丹尼特不得不花费大量的时间用于阅读科学文献。这个过程异常艰苦，而能够帮助他的人则是少之又少（主要是来自一些科学或工程学领域的朋友们）。

丹尼特将主要精力用于开展他对大脑工作机制的构想和意向理论的建构，这严重影响了他在硕士研究生阶段的学习进度，多亏赖尔为他大开绿灯——推荐他硕博连读，他才得以有充足的时间和精力继续他的哲学建构工程。1965年，丹尼特完成了他的哲学博士论文写作。但是，由于论文涉及过多对大脑神经系统的思考和设想，以及大量的神经科学术语，论文答辩组不得不破天荒地首次在哲学论文答辩会上请来一位神经科学家做考官。尽管丹尼特在论文中提出的心智解释让所有人都感到十分冲击和震惊，但他还是顺利地获得了哲学博士学位。而这篇博士论文的主要内容也就是日后被称之为“小人功能主义”（homuncular functionalism）的心灵哲学理论。

第二节 初出茅庐

1965年，获得哲学博士学位的丹尼特来到加利福尼亚大学欧文分校（University of California，Irvine，UCI）做助理教授。当时，欧文分校刚刚成立不久，年轻的丹尼特可谓春风得意、雄心勃勃。虽然工作比较辛苦，但他却很享受边授课边研究哲学的乐趣。一年之后，丹尼特萌生了发表或出版之前在牛津大学的研究成果的想法。这时，他遭遇到了入行以来的第一次打击——无数次投稿，无数次被拒。更糟糕的是，也许对于哲学领域的人来说，那些充满神经科学概念的心智解释过于晦涩，抑或是大家认为丹尼特基于经验研究的心智理解方式过于新奇古怪，总之，在UCI的最初几年里，他的哲学同事们都不认可他的观点，他也不能与同事们一起谈论哲学，而他发表学术成果的计划更是多年没能完成。

这样的状况让丹尼特有些苦闷。所幸的是，学校里的一些人工智能和心理学研究者们倒是与他相谈甚欢，于是他渐渐开始将研究兴趣从纯粹的哲学延伸到了其他领域。他曾经自嘲说：“那些年我是在谈论人工智能或心理学而不是在

---

① 丹尼尔·丹尼特．我的哲学研究综述//欧阳康．当代英美著名哲学家学术自述．北京：人民出版社，2005：101.

谈论哲学中度过美好时光的[①]。”虽说事出无奈，但兴趣的转向却意外地帮助丹尼特打开了局面。1968 年，他发表了自己的第一篇学术论文——《机器轨迹与规则陈述》（*Machine traces and Protocol Statements*）。该论文正是基于对人工智能问题的思考，而对胡伯特·德雷福斯（Hubert Dreyfus）的《炼金术与人工智能》（*Alchemy and Artificial Intelligence*）进行的反驳。这篇文章的发表标志着丹尼特作为卓越的人工智能哲学家（而不是心灵哲学家）生涯的开始，人工智能日后也成为丹尼特认知哲学思想体系的支柱理论之一。

1969 年，丹尼特的博士论文修改稿终于由著名的劳特里奇（Routledge）出版社以《内容和意识》（*Content and Consciousness*）的名称出版。这部著作将心智问题分为两个方面进行探讨——心的内容即意向性（intentionality）问题和意识（consciousness）问题。《内容和意识》一书是丹尼特学术思想的奠基之作，该书为他日后的心智研究工作构建了框架。此后很长一段时间，他的研究都主要围绕这两个方面来开展，而书中建立的基本思想和观点更是在其随后四十多年的学术生涯中都不曾改变。

丹尼特在 UCI 取得的最大成就是提出了以“意向立场”（intentional stance）为核心概念的内容理论[②]。该理论使他得到了学术界的更多关注，也为他获得更好的研究条件创造了机会。1971 年，小有名气的丹尼特离开了 UCI，前往位于其家乡波士顿市的塔夫茨大学（Tufts University），接替塞拉斯（Wilfrid Sellars）担任认知研究中心（Center for Cognitive Studies）主任一职。塔夫茨大学为他创造了非常优越的科研条件，包括减少授课量、配备工作助手、提供研究生奖学金以及尽可能多的资金支持等，以便他在这里可以更安心地进行哲学研究（这或许也是他在塔夫茨大学工作至今的一个原因）。1978 年，丹尼特将自己之前探讨人工智能和心理学问题的成果汇集成册，作为其第一部论文集出版，这就是众所周知的《头脑风暴》（*Brainstorm*）。该论文集成功地吸引了整个认知科学领域的注意，丹尼特也因此在认知研究界声名鹊起。

从事认知科学研究的学者们对丹尼特非常欣赏，因为作为一个哲学家，丹尼特却对科学研究给予了充分的重视（当时的哲学家们往往喜欢选择性无视科学研究工作）。于是他们纷纷向丹尼特抛出橄榄枝，或主动向他传授学科基础知识，或提供学科发展信息，甚至邀请他加入他们的科学研究团队。1979 ～ 1980 年，丹尼特就曾经与另一位哲学家一起，在一个行为科学高级研究中心与四位

① http：//www.philosophynow.org/issue69/Daniel_Dennett_Autobiography_Part_2.
② 对意向立场的解释详见本书第三章第一节。

人工智能专家共同组成了一个研究小组。这样的经历使丹尼特对科学家的认识有了很大改变，他不再认为科学研究者们只是浅薄而天真的理论构想者，他们提出的观点非常具有启发性。并且由于这些观点总是可以通过科学方法加以验证，因而大大提高了其理论价值。相反，那些不以经验研究为基础的哲学构建，在丹尼特看来才是更不成熟的空想。就对心智和认知问题的探索而言，仅靠哲学思辨与争论是不可能取得重大突破的，丹尼特强烈主张应当接纳心智解释的科学研究进路。另一方面，丹尼特对哲学家工作角色的看法则是：哲学家的任务“更倾向于为可检验的、经验的、科学的理论提供清晰的概念和基础[①]”，看得出，这时的丹尼特已经显现出了其作为自然主义哲学家的精神气质。在这个问题上，丹尼特显然受他的老师奎因影响更大。而他也认为，赖尔不能真正解决心智问题的原因就在于他反对以科学方法研究心智的立场。

除了意向性和意识，自由意志（free will）是丹尼特重点关注的又一种认知现象。早在大学时期，他就对该问题有所思考，认为笛卡儿将人的道德责任和自由意志归因于一个所谓的精神实体或“中心控制者”，这种观点非常荒谬。丹尼特一直明确主张自由意志的相容论（compatibilism），认为我们能够以某种方式将“人具有自由意志”与“人是服从决定论的机械系统”两者协调起来。1973 年，在《内容和意识》出版之后，劳特里奇出版社的主编亨特里克（Ted Honderich）邀请他写了一篇有关自由意志的论文。丹尼特便将他之前关于自由意志的看法与他对人工智能中存在的实践问题的理解相结合，写出了《机械论与责任》（*Mechanism and Responsibility*）一文[②]。文章通过对意向立场与另外两种解释立场——设计立场和物理立场之间的关系进行讨论，分析了机械系统或决定论系统（这类系统应该从物理立场或设计立场进行理解）与道德责任和自由的行动（这些现象必须通过意向立场才能理解）之间如何进行协调的问题。1984 年，丹尼特出版了专门探讨自由意志问题的《活动空间：值得拥有的自由意志》（*Elbow Room*：*The Varieties of Free Will Worth Wanting*）一书，通过语言分析的方法对一些与自由意志密切相关的概念的真正含义进行澄清，驳斥了不相容论（incompatibilism）主张，再次重申了自己的相容论立场。

① http：//www.philosophynow.org/issue69/Daniel_Dennett_Autobiography_Part_2.
② 该文收录在亨特里克主编的论文集《行动的自由》（*Essays on Freedom of Action*）中。

第三节　学术巅峰

1987 年和 1991 年，丹尼特最具代表性的两部著作——《意向立场》（*The Intentional Stance*）和《意识的解释》（*Consciousness Explained*）先后出版。其中，论文集《意向立场》收录了多篇丹尼特讨论意向性问题的重要论文，是对《内容和意识》中涉及“内容”的部分进行的进一步完善和发展，也是其意向性思想理论的一次集中体现。而《意识的解释》则是对之前较少探讨的意识问题的一次全面阐述。为了揭开困扰学术界良久的意识之谜，自 20 世纪 80 年代中期开始，丹尼特与认知科学中不同领域内的学者们展开了密切的合作。这当中对他帮助最大的是神经生理学家马歇尔·金斯本（Marcel Kinsbourne）。这位脑科学研究的先驱者为他提供了大脑病症的许多第一手医学资料。心理学家尼克·汉弗莱（Nick Humphrey）及语言学家雷·杰肯道夫（Ray Jackendoff）[①]也参与了他们对意识问题的讨论。因为四个人以不同的方法和不同的风格对同一个问题展开研究，他们彼此之间的交流非常有利于碰撞出思想的火花，而《意识的解释》就是这些碰撞的结果。在这本书中，丹尼特建构了一种关于意识的经验理论——多重草稿模型[②]，并希望其在实证研究基础上构想出的哲学理论能对意识的科学研究有所贡献。

值得一提的是，丹尼特在《意识的解释》的行文上采用了有别于传统哲学著作的写作风格，他使用了大量实证分析、案例分析、思想实验以及各种有趣的故事，将一个原本晦涩深奥的意识理论娓娓道来，使得这本书免于沦为那种令人昏昏欲睡的哲学著作。虽然《意识的解释》的主要受众是专家群体，但丹尼特希望以较为容易理解的方式将书中的思想传达给每一位读者。即使是没有太多学术背景的普通人，也可以通过细致地思考较好地把握这本书的主旨。丹尼特并不认为只有把文字写得艰深难懂才配得上“哲学家”的称号，相反，他认为哲学著作应当更加平民化，他更希望看到非专业人士也乐于阅读他的作品[③]。事实上，《意识的解释》的受欢迎程度超乎想象，这本书最终入选了《纽约时报·书评》评选的当年十佳畅销著作，这让丹尼特在学术圈之外也成了名人。

---

① 雷·杰肯道夫自 2005 年起与丹尼特共同担任塔夫茨大学认知研究中心主任。

② 关于多重草稿模型具体内容的详细阐述见本书第四章第二节。

③ 学者马尔什（Leslie Marsh）曾在丹尼特的书评中写道：“即使是他（丹尼特）最有技术含量的著作，也比周围其他人的（著作）更容易接受、更生动。”丹尼特的这种写作风格虽然受到了许多学术人士的嘲笑甚至诟病，但却在学生和年青学者中颇受欢迎，这也成为他扩大自身影响力的一种特别方式。

为了满足普通读者的科普需要，1996 年他又出版了《心灵种种：对意识的理解》（*Kinds of Minds*：*Toward an Understanding of Consciousness*）。对没有太多专业背景知识的读者来说，这本书既生动又易读，是他们接触心灵、了解心灵、思考心灵问题的入门级读物。

除了解释“意识是什么”，丹尼特更为关心的是“意识从哪里来”，或者更宽泛地说是“心灵从哪里来”。虽然在牛津大学学习期间，他就产生了要用大脑和神经系统解释心智现象的想法，也就是上文中提到的“小人功能主义”思想，但对于那些充当“小人”的神经细胞如何一步步向上构建出心灵的内容或意识，他还没有特别清晰的思路。20 世纪 80 年代初，曾与他一起合作出版《心我论》（*The Mind's I*）的计算机专家霍夫斯塔德（Douglas Hofstadter）为他引荐了生物学家道金斯（Richard Dawkins）。这是一次非常具有学术意义的相识。道金斯为丹尼特提供了许多新达尔文主义（Neo-Darwinism）①的现代进化论思想。那些新的进化模型让他看到了从分子细胞水平的神经元结构编织出心灵之网的可能性。

此外，道金斯还提出了文化进化的模因（meme）理论②。丹尼特对该理论十分青睐，认为它可以很好地解释文化在心灵产生过程中的作用。1995 年，丹尼特出版了《达尔文的危险思想》（*Darwin's Dangerous Idea*）一书，对进化理论和进化的适应论（adaptationism）法则进行了辩护和捍卫。丹尼特的基本观点是：心智是人类自然和社会双重进化的结果，达尔文的进化选择机制是理解人类自然进化和社会进化的一种普适性算法，是一种可以融化一切设计的“万能酸”（universal acid）③。无论是心智的自然维度还是社会维度，都可以用进化理论加以解释。可以说，与道金斯之间的学术交流是丹尼特心智自然化理论形成的加速器，它使丹尼特的“小人功能主义”思想具有了坚实的经验研究基础和生物理论基础。因此，生物进化论也成为丹尼特认知思想的第二个重要支柱理论。

有了进化论思想做基础，丹尼特对第三个重要的认知现象——自由意志的探索也得以进一步发展。在上一部讨论自由意志的专著《活动空间》当中，丹尼特已经提出人类作为决定论的机械装置也可以产生自由意志的观点，但并

---

① 新达尔文主义是生物学家罗曼斯（George Romanes）于 1896 年提出的概念。19 世纪末期，一些学者在自然选择是否能够成为物种形成的充分条件这个问题上产生了分歧。以生物学家魏斯曼（August Weisman）为代表的一方主张肯定的回答，而另一方则认为拉马克（Jean-Baptiste Lamarck）的获得性状遗传观念应被包括进来。罗曼斯以“新达尔文主义”一词指代魏斯曼这一方的立场。随后这个概念的涵义几经变化，其当代意义则是指“现代进化综合论”（modern evolutionary synthesis），即结合了多个生物学分支的进化综合理论。

② 参见道金斯 1976 年的专著《自私的基因》（北京：中信出版集团股份有限公司，2012）。

③ Dennett D C. Darwin's Dangerous Idea：Evolution and the Meaning of Life. New York：Simon and Schuster，1995：63.

没有对自由意志如何产生进行深入分析。2003 年，《自由的进化》（*Freedom Evolves*）一书出版发行，丹尼特在该书中对《活动空间》的内容进行了完善和扩展，其中一项很重要的工作就是借助进化理论阐述那些“值得我们拥有的自由”在人类历史的进化过程中是如何产生的。与心智现象一样，自由意志也是人的自然进化和社会进化共同发展的结果。自由选择的能力首先来自于生物体对环境的应变，随着生物复杂性的增加，个体的应变能力越来越强，“自由度”也越来越大，直到人类社会出现，人的环境应变能力又受到了社会文化因素的约束，最终才有了我们所谓的“自由意志”①。

第四节　无神论斗士

2003 年之后，丹尼特的工作重点逐渐远离了哲学。除了将更多的时间和精力用于关注认知科学和进化理论的发展，他还给自己赋予了一项新的任务——宣传无神论和世俗主义。无神论，从宽泛的意义上讲，就是不相信神灵存在的立场，而更强硬的无神论者则宣称世界上根本不存在神灵。与无神论相对的是有神论。在西方社会，有神论通常指信仰上帝或神灵存在的立场。尤其是在宗教活动中，信仰神灵是一项核心内容。鉴于西方社会根深蒂固的宗教传统，以及宗教在西方社会人们的日常生活中所扮演的重要角色，有神论长期以来一直是主流思想。即使在自然科学如此成功的今天，有神论依然是一座十分坚固的思想堡垒。

那么，丹尼特为什么要高举无神论大旗，对有神论进行激烈的批判呢？这与他的自然主义世界观是密不可分的。作为一位自然主义者，丹尼特主张，我们生活的世界是一个经历亿万年的演化，在自然条件下发展而成的世界。这个世界不存在任何超自然物，无论是上帝还是其他形式的、不经历进化的神秘之物都是虚构的。道德、责任、自由、智慧等人类现象并非出自于上帝或神灵的恩赐，而是人的自然和社会双重进化的产物。不用借助上帝的力量，只依靠人类自身的智慧进行研究和探索，我们就可以很好地诠释那些现象，因此我们不需要、也不应当将我们的社会生活和道德规范与神灵强行捆绑在一起。

丹尼特在世俗生活中主张无神论与他在心智研究领域主张为心灵去魅实际上是一脉相承的，两者都试图摆脱超自然物或超自然力对我们思想的禁锢，都

---

① 丹尼特对自由意志的进化论解释在第五章第二节有具体说明。

主张以自然发生的视角和科学的方法对研究对象进行探索。因此，它们都是丹尼特自然主义思想的体现。那么，如何为有神论“去魅”呢？换句话说，如何科学地解释有神论尤其是宗教的性质及其发生过程呢？丹尼特认为，宗教与伦理、艺术等人文现象一样，是人类社会文化进化的产物。他在2006年出版的《打破符咒：作为一种自然现象的宗教》（*Breaking the Spell*：*Religion as a Natural Phenomenon*）一书中将宗教定义为“一种社会系统，其参与者承认信仰一位或多位超自然主体，并追求得到这些主体的赞许”①。作为一种社会文化现象，宗教的存在的确有其合理性和社会意义。丹尼特主张，我们应当像对其他人文现象那样，对宗教产生和发展的自然过程进行探讨。在这个问题上，自然主义哲学家、心理学家、人文学者以及科学研究者们应当联合起来，共同构建理解宗教（也包括其他各种人类文化现象）的学术理论②。

但是，以科学的方法研究人文现象本身就是一项困难重重的工作。正如对心灵的科学探索总是受到各种抵制，总有人认为心灵无法纳入科学研究的范围内一样，对宗教的科学考察也面临种种质疑、抨击甚至威胁。而且，宗教的保护伞比其他人文现象更加坚固，这也导致了宗教的自然化研究更难推行。丹尼特指出，宗教之所以成为科学最难触及的一个领域，是因为人们对待宗教有两大禁忌。其一，相信“宗教是一种自然现象，应当接受科学的研究”③。该禁忌禁止宗教的自然化在宗教周围形成了一个坚固的堡垒，保护其免受科学的“攻击”。而上述禁忌的产生则直接源于第二个禁忌，即“不诉诸神灵作为人类现象的终极原因”。也就是说，当人们遇到无法解释的现象或无法解决的问题时，宗教往往成为人们心灵的避难所。宗教通过假设各种不必经历进化就得以存在的虚拟主体来给予人们希望，同时让人们产生敬畏和恐惧④。如果人们试图质疑或反驳这些虚拟主体的实在性，则构成了对神灵的亵渎。

信仰神灵存在，并坚持这种信仰应该免于科学的客观研究，是宗教施加给信仰者的两道“符咒”（spell）。丹尼特的立场，正如其著作的标题所示，是我们必须“打破符咒”，冲破宗教信仰的禁忌，对宗教进行科学的、客观的考察，这样我们才能真正理解宗教的功能和意义。当然，表明自己的立场只是解决宗教问题的第一步。丹尼特真正感兴趣的是宗教究竟是如何进化发展的。为什么宗教信仰对人们有如此大的吸引力？什么原因导致一些学术领域的专家学者也

---

① Dennett D C. Breaking the Spell：Religion as a Natural Phenomenon，New York：Viking Penguin，2006：9.
② http：//www.philosophynow.org/issue70/Daniel_C_Dennett_Autobiography_Part_3.
③ Dennett D C. Breaking the Spell：Religion as a Natural Phenomenon，New York：Viking Penguin，2006：17.
④ Dennett D C. Breaking the Spell：Religion as a Natural Phenomenon，New York：Viking Penguin，2006：114.

对宗教的科学探讨产生抵制？

宗教的产生经历了从民间宗教（folk religion）到制度化的宗教（institutional religion）的发展过程。一些人类社会早期的文化现象，如占卜、祭祀、仪式等，在民间宗教的产生过程中发挥了重要作用。或许最早的宗教活动的功能只是为了寻求某种精神慰藉，但随着民间宗教的受众群体越来越庞大，体系越来越复杂，保留这些体系并将其传承下去就成了一件比精神慰藉更重要的事。此时，那些在民间宗教中扮演精英角色的占卜师、司仪或熟悉宗教体系的人们肩负起了将宗教发扬光大的重任。他们创立、完善宗教制度，宣传宗教教义、组织宗教活动并形成宗教团体，一步步将民间宗教发展成具备完整体系的制度化的宗教。

丹尼特对宗教的解释借助的仍然是之前提及的模因理论。如果将宗教思想看做一种模因，那么该模因的存在应当遵循达尔文的适应性算法，即它应当为人的社会生活带来适应性好处，因而才得以在社会群体中广泛传播并维持持续的复制。丹尼特认为，宗教最有可能的功能可以归结为两类：一是“甜食爱好”（sweet tooth）。我们对宗教的依赖可能类似于我们对甜食的爱好，或对毒品、咖啡等的上瘾，这些东西可以使大脑产生高度的愉悦感，因此宗教信仰者会沉迷于宗教生活；二是“好技巧”（good tricks），宗教也可能是类似于货币这样的文化发明，它有利于群体成员的联系和社会凝聚力的提高，甚至可能带来高度的社会责任感及道德水准，因此得以保存至今。

无论宗教的社会功能是什么，宗教信仰本应是一种个人体验，人们无权干涉他人的信仰。但宗教却将信仰本身上升为一种信仰，也就是丹尼特所说的对于信仰的信仰（belief in belief）。相信上帝存在，这是一种信仰，而相信“‘相信上帝存在’是件好事”，这是对信仰的信仰，也就是二阶信仰。通过这种二阶信仰，宗教鼓吹“无条件信仰宗教将会使自我得到救赎”“不信仰宗教者将受到诅咒和惩罚”等主张，控制人们的思想，使人们产生敬畏感和负罪感，进而自愿回避或放弃对宗教的怀疑。信仰的信仰为宗教制造了一顶“保护伞”，这种强有力的自我保护机制既是宗教传播和维系的基本保障，也是宗教抵制科学研究的堡垒。

丹尼特指出，我们应该对宗教采取包容的态度。但是，不深入探究宗教，我们就无法理解宗教的功能，更无法确定宗教对社会的利弊作用。因此我们不应视宗教为文化特例，进而拒绝以客观的视角对其进行研究。我们应当将宗教置于科学研究的范围之内，结合自然科学和人文科学的多种研究进路，全面理解宗教作为一种社会文化现象的价值。继《打破符咒》之后，丹尼特又在2008年出版了《无神论的未来》(*The Future of Atheism*：*Alister McGrath and Daniel Dennett in Dialogue*)，2010年出版了《科学与宗教：它们相容吗？》(*Science and Religion*：*Are They Compatible*？)，这些专著都是丹尼特对宗教进行自然主义研究的卓越成果。

第五节 小 结

丹尼特虽然很早就确定了自己的研究志向，并为之付出了艰苦的努力，但在其学术生涯早期，他却因思维方式独特而经历了作为哲学研究者的尴尬，所幸人工智能哲学研究为他提供了突破的机会，也使他逐渐在心灵哲学领域确立了自己的一席之地。塔夫茨大学是丹尼特成就个人辉煌的地方，他的学术研究也在20世纪八九十年代达到了巅峰。梳理丹尼特的心灵与认知成果，我们可以发现其思想体系中的几个清晰的特征，包括行为主义、自然主义、达尔文主义等。这些特征体现着丹尼特的理论形成和发展的基本脉络。用丹尼特自己的话说："当你用赖尔穿插奎因，再加上一些认知科学，你就得到了我[①]。"

进入21世纪后，丹尼特的关注点虽然有所转向，但基本的研究进路——自然主义始终没有改变过。他一直对以科学为代表的自然主义方法极其推崇，并主张一切人类现象，无论是心灵、艺术还是伦理和宗教，都应当以科学的态度和客观的方法进行研究。此外，他还通过著作、演讲等多种方式不遗余力地向人们介绍自然科学的社会价值。由于几十年来长期坚持向普通民众宣传科学技术的文化价值，2012年丹尼特获得了非常重要的、由欧洲伊拉斯谟基金会(Praemium Erasmianum Foundation)颁发的伊拉斯谟奖(Erasmus Prize)。

---

① http：//www.philosophynow.org/issue69/Daniel_Dennett_Autobiography_Part_2.

第二章 丹尼特的学术背景

在日常生活中，我们有一套完整的自我概念（self-concept）体系——包括信念、愿望、意识、自由等——来描述我们的思维、感觉经验、心理感受以及情绪。这些围绕在人身边、使人的形象变得丰满的语言，不仅是我们刻画自我形象的词汇，还反映了我们作为自然界独一无二的特殊生物体的真正的本质特征。然而到了16世纪之后，以物理学和生物学为代表的自然科学却为我们提供了描绘自我形象的另外一种方式：人不过是一个复杂的物质系统，他的构成成分与自然界的其他生物没有什么区别。人并不是上帝创造的高贵生物，而是和其他物种一样，通过优胜劣汰的自然竞争机制逐步进化而来。两种描述方式构建了人的两种不同形象，前者就是塞拉斯所谓的人的外显形象（manifest image），后者塞拉斯称之为人的科学形象（scientific image）。两种形象都很令人信服地把握住了我们的某一方面特质，但从一开始两者就处于水火不相容的紧张状态。

第一节 人的两种形象的对峙

自我概念描绘下的人是有信念、有欲求、有思维的理性行动者（agent），不仅具有各种意识经验和意向心理状态，还具有自由意志，能够根据自己的兴趣或目的，在理由的驱动下以合理的方式自由地做出各种行为。意向性、意识和自由意志是人的外显形象的三个关键特征。

我们的思维具有意向性，即关涉它物的特性，因为思想总是对某物的思想。那个被思考的东西就是我们思维的内容，也就是我们的意向性所关涉的对象。信念是一个意向性概念，因为信念总是关于某个对象、事件或情境的信念，愿望也是如此。在日常生活中，我们通常会借助信念和愿望这样的意向性心理状态（即意向状态）来解释和预测人们的各种行为，这种方式就是所谓的常识心理学（folk psychology）的解释模式。

人不仅能够思考，还能够经历各种意识经验。虽然意识很难被准确定义，但我们对于意识经验的体验却是毋庸置疑的。我能够真切体会到红色带来的兴奋感和绿色产生的平静感，也能够切实感受到蛋糕的香甜与交响乐的美妙。所有这些感觉、心境、情绪、反思、记忆等形式的主观经验都属于意识的范畴。作为一种只能为其拥有者所经历的主观体验，意识这种心智现象似乎特别神秘，以至于我们很难用语言去描绘它的特征。

除了具有思维和意识，人还可以根据从外界环境获得的信息，理性地分析自己的信念和欲求，自由地选择适合的行动方案，以便在最大限度上满足自己的各种需要或避免受到伤害。这意味着人具有自由意志，可以自由决定做出什么样的行为，并需要为自己选择的行为负责。通常我们认为自由意志是人的道德责任的前提，它反映出自我概念所具有的因果效力——我们的确是出于信念和愿望的考虑才做出行为的，信念和愿望是驱使我们行动的理由。

人的科学形象曾随着自然科学的发展和进步而出现改变。在机械论盛行的时代，人是由各种物理部件组成的“机器”，而在神经生理学繁荣的时代，人是由细胞和组织构成的复杂生理系统。无论使用机械论语言还是神经生理学词汇来描述人的科学形象，有一点是不变的，即人是生活在物理世界中、由物理成分构成的物理实体。与物理世界中存在的其他物质一样，人也必须遵守各种物理规律，尤其是必须服从严格的物理因果封闭原则（principle of physical causal closure）：所有作为结果的物理事件都是由物理事件的原因引起的，所有的物理事件原因都只能引起物理事件的结果；具有因果关系的事件构成了一个封闭的因果链，如果链上的任何一个事件是物理事件，那么整个因果链上的所有事件都只能是物理事件。物理因果封闭原则是自然科学的一个基本预设，它排除了各种非物理因素或超自然力的因果效力。因此，在人的科学形象中，作为物理事件的人的行为完全是由同样作为物理事件的神经系统的活动所产生的。

人的科学形象无论从哪个角度考量都与人的外显形象格格不入。科学形象表明人的行为原因是神经系统的神经生理活动，而外显形象则以信念、愿望等常识心理学术语解释人的行为。神经系统的活动与信念和愿望这样的意向状态看起来没有任何相似之处，我们应该怎样理解它们之间的关系？如果意向状态就是神经生理状态，那么存在于真实时空中的神经生理状态如何关涉意向状态能够关涉到的虚构对象或抽象的概念？如何意向状态不是神经生理状态，那它又是什么？是另一种精神实体的属性吗？我们应当冒着放弃整个科学成就的风险去相信意向状态是一种不能为科学所研究的神秘现象吗？所有这些问题都使得意向性概念似乎很难与科学概念相容。

意识也是一个很难用科学方法进行研究的现象。意识的主观性决定了各种意识经验只有意识的拥有者才能直接获得。任何科学的、第三人称（third-person）的研究方法都无法描述意识表征世界的方式：无论他人拥有多少关于我的大脑或整个身体的客观信息，也无法形容我听到贝多芬的《命运交响曲》时在心灵中产生的震撼体验。无论我们收集多少关于蝙蝠的经验数据，也不能说明成为一只蝙蝠可能是什么样子（what it is like to be a bat）①。我们观察到的大脑永远只有细胞和神经，没有红色的红（redness），也没有咖啡的醇香。大脑的内部特征与意识的特征没有任何相似之处，这使得意识成为最难以科学解释的心智现象。

科学世界不仅难容意向性和意识，也没有自由的落脚之处。科学只承认物理原因，任何物理事件都是之前发生的物理事件的结果，这就排除了信念、愿望、目的、兴趣等与人的自我概念相关的心理因素成为人的行为之原因的可能性。如果人的行为不是在各种心理因素的影响下发生，那行为就不可能是理性选择的结果，因为我们没有选择的余地；如果行为作为物理事件是被之前的物理事件决定的，那么人作为一个由完全遵守物理规律的物质组成的系统，根本不存在所谓的自由意志。但自由意志对于人类这种社会性群体而言意义重大，它是一切人类社会制度的前提和基础，也是人区别于其他物种的重要特征。人的科学形象取消了自由意志，破坏的不仅是人的外显形象，还会威胁整个人类的社会制度和生存法则。

科学话语不能容忍自我概念的存在，而自我概念也在考验着科学解释的完备性。如果意向性、意识、自由意志这样的概念不能以科学的方式得到解释，那么认为科学能够说明一切自然现象的伟大构想就只是一种幻想。科学的解释力和说服力将受到严峻挑战。如何处理科学概念与自我概念之间的紧张关系，如何在

① “成为一只蝙蝠可能是什么样子”（what it is like to be a bat）是托马斯·内格尔为证明感受性存在及意识不能为科学所研究而提出的论证，表达的是无论我们进行多少关于蝙蝠的科学研究，也不能体会到蝙蝠自身的那种主观体验。

人的两种形象之间进行取舍或协调是当代心灵哲学和认知科学最重要的任务。

第二节 二元论与取消论

从机械论兴起的那个时代开始，哲学家们就在致力于解决人的两种形象之间的紧张对立状况。比较极端的两种策略是笛卡儿的身心二元论和以丘奇兰德（Churchland）夫妇为代表的取消论（eliminativism），他们分别保留了人的一种形象而放弃另一种形象。

笛卡儿是第一个对于心灵与身体，或者说心理现象与物理现象之间的关系进行认真思考的人。虽然是一位伟大的数学家和坚定的自然科学的拥护者，但在身心关系问题上，笛卡儿却没有贯彻自己作为科学家的立场。在他看来，心灵与身体之间的差异是非常巨大的。首先，心理现象具有主体性（subjectivity）。每个感觉经验都需要一个经验主体，“我”是我的感觉经验的唯一拥有者，我的意识经验只有我自己才能够体验到，别人只能通过其他间接方式了解我的感觉；物理现象却并不属于任何一个主体，任何物理现象都是独立于主体而存在的。其次，心理现象具有私密性（privacy）。我具有访问我的各种感觉经验的直接特权，别人是无法感受到我的感觉经验的；物理现象并不具有这种私密性，身体作为一种客观实在，一种物质实体，它的各种活动都是公开的，是我和其他人都可见的，任何人都可以了解自己和他人的身体行为。此外，心理现象还具有透明性（transparency）。笛卡儿认为，我关于自己当下的心灵状态的思想不可能是假的，我对于自己正在经历的事情不会出错。如果我认为自己此时正处于某个心灵状态之中，那我一定就处于这种心灵状态之中（比如疼痛）；但我对于自己身体物理状态的思想却有可能出错。我很可能不知道我身体里究竟有多少细胞，也不知道我到底有多高多重。鉴于身心之间的差异性，笛卡儿最终选择放弃科学解释的完备性，承认存在不同于物质实体的精神实体。这种精神实体是身体运动的原因，是容纳一切心理现象的场所，但不能以科学的方式加以解释。二元论在两种形象的取舍中选择了外显形象，保留了人作为一种特殊生物体的全部精神特质。但由于在肯定心理因素具有因果效力的同时排除了心理现象可被科学研究的可能性，如何说明身心之间的相互作用就成为二元论的一个最大难题。这种保外显形象弃科学形象的做法付出的代价是整个科学体系的崩溃，这是现代自然科学所不能容忍的。

与二元论相反，取消论极力主张保留人的科学形象而放弃人的外显形象。

丘奇兰德认为：常识心理学有很大的误导性。使用常识心理学概念预设了这些概念所表征的心理现象是实在的，是有本体论地位的。例如，当人们说“疼痛”时，似乎“疼痛”是真实存在于物理世界中的物理状态。信念也是如此，如果我具有一个信念，该信念就像大脑中的细胞或神经那样是实在的实体。但事实上，常识心理学所承诺的这些心理状态和心理实体纯粹是幻觉。现代自然科学，尤其是神经生理学的发展，已经为我们提供了一种更好地描述心智现象的方式，所有用常识心理学概念说明的心智活动科学概念都能说明，而且比使用常识概念阐释得更清楚。所谓的疼痛不过是身体里 C 神经纤维的燃烧。这种描述只承诺物理实体——C 神经纤维的实在性，因此不会产生任何误导。如此一来，我们还有什么必要保留疼痛的概念呢？在丘奇兰德的设想里，我们完全可以在小孩子刚开始学习语言时就教他们使用科学概念和词汇，这更加有助于他们理解心理现象发生的机制。终有一天，科学概念可以全面取代常识概念，常识概念将在自然科学的不断发展完善中失去存在的必要性。

第三节　丹尼特的自然主义进路

丹尼特对这两种极端策略都持否定态度。一方面，笛卡儿二元论为保留人的外显形象而牺牲了科学完备性。这种代价实在太大。现代自然科学的巨大成功使我们不能轻易放弃科学完备性原则，转而承认存在非物理、超自然的精神实体。另一方面，外显形象体现了人真正的本质特征，思维、意识、自由、道德等人类现象是各种人类社会制度的基础，我们无法想象放弃这些概念而只依靠科学词汇来描述的人将是什么样子。而且，即使放弃这些自我概念，也不能对我们完善人的科学形象有任何帮助。因此，取消主义的策略只是在做无谓的牺牲。丹尼特相信，人的两种形象不是绝对对立、不可调和的，一定存在第三种策略可以解决两种形象之间的对峙关系。

丹尼特解决“协调问题”(reconciliation problem) [①] 的策略属于一种“自然主义”进路。自然主义肯定自然界存在的各种现象（包括心智现象）都是依靠自然的力量、借助自然过程而产生的，是与自然环境相适应的。这种进路不仅剥夺了上帝或神灵之类的超自然物作为自然现象之原因的地位，同时也拒绝那种将心智现象神秘化、认为心智不可以被科学解释的现代立场。在关于心智的认

① 扎维德斯基（Tadeusz Zawidzki）将协调科学形象与外显形象、解决两者之间对立关系的问题称为“协调问题。”

识论问题方面，二元论与取消论的基本精神是一致的，都认为科学不能达到解释心智现象的目的。只不过二元论主张将心灵看作另一种实体，而取消论则直接将心智概念从我们的话语中去除掉。“丹尼特方法的实质就是既要承认人类现象的有效性，又要将它们整合进科学的世界观中”[①]；既要保留体现人独特性的外显形象，又不能使这些形象被排除在科学解释的范围之外；既要承认体现人尊贵的自我概念，又要使这些概念与科学概念相容。他的全部工作的目标就是要协调人的两种形象，将自我概念所描述的各种心智现象自然化，使之能够融入科学的知识体系中。用丹尼特自己的话说：“我想看看，在当代科学的第三人称唯物论视角下的心灵看起来是什么样子[②]。”

丹尼特从事心智自然化工作的基本思路是在为自我概念“瘦身”（deflation）的基础上使科学的解释力“丰满”（inflation）起来。为此，自我概念与科学解释两方面都需要进行一些改变：

在自我概念方面，丹尼特指出，对于思维、意识和自由意志这样的人类现象而言，并不是关于它们的哲学概念的全部成分都需要被保留，这些人类现象中的某些方面的确阻碍着关于它们的科学解释。例如，在外显形象中，意识经验位于大脑的某个神秘而不可观察的区域中，只有意识主体才能获得这些经验。这个主体是一个自我，他像一个中心决策者，在观察和分析意识经验的基础上作出合理地选择和决定，命令身体实施各种行为。外显形象对意识的描述本身就是神秘化的。要想达到对自我概念的自然化，这些自我概念需要被“瘦身”，其中那些超自然的、难以自然化的成分应当被剔除掉，其超越科学理解之外的神圣地位也应当被降低。外显形象对自我概念的描述中的超自然成分越少，就越易于与科学形象相协调，自我概念也越易于自然化。对于自我概念，我们只需要保留它们最核心的基本特征，这些特征才是真正值得我们拥有的。

自我概念作出修改的同时，科学研究的策略也需要进行适当的调整和让步。人工智能研究不能仅仅停留在设计能模仿人的认知行为的机器这样的工程学研究水平上，还需要为人类大脑的智能认知机制提供可靠的解释模型；神经生理学研究不应只停留在细胞、神经层面，还需要从功能和意向等方面对神经系统和神经激活模式进行分析；脑科学研究不仅应当说明大脑机制当下是怎样的，还应当说明这种机制是如何产生的。无论神经科学还是脑科学，都必须与生物学进化论结合起来，只有这样才能解决一个纯粹的物质系统如何成为一个有思

① Thompson D L . Daniel Dennett . New York：Continuum International Publishing Group，2009：3.

② Dennett D C. The Intentional Stance. Cambridge：The MIT Press，1987：15.

维、有意识、有自由意志的理性行动者这个难题。总之，科学成果必须使人的科学形象不断地充实和完善起来。科学的解释力越强，就越容易将自我概念吸纳进来。

虽然丹尼特主张用自然科学的方法对自我概念进行解释，但他的自然化方法却是“非还原”的。他并不赞同那些把思维、意识还原为内部大脑状态的方法，因为这些心智概念“不可还原”。但这种立场使得他的处境比单纯的二元论或一元论者更加艰难。坚持心智现象自然化的一元论哲学家批评他的非还原的方法，认为把心智现象当做不可还原的人类现象的人都是在坚持某种形式的二元论；而主张心智现象非还原性的学者从一开始就认为思维、意识等自我概念是不可能通过科学方法进行解释的。因此，既要承认心灵的非还原性，又要用科学话语描述心灵，这条双线作战的研究进路从一开始就注定是一条充满坎坷的道路。

第四节　需要澄清的几个问题

虽然丹尼特的主要研究对象是传统的心灵哲学问题，但他并不拘泥于纯粹的哲学思考，而是积极了解神经科学和生物学知识，主动参与医学临床实验或脑科学家们的实证研究。这样做的好处是他能够获得第一手资料，将自己对心智问题的探讨建立在更为牢固的科学实证研究基础上。然而从哲学的专业角度看，偏爱使用启发式的方法，大量依靠实证案例、故事趣闻以及各种思想实验来分析问题，试图以浅显易懂的方式传达哲学理念，这样的论证风格难免给人留下“技术含量”不足的印象。因此，他的许多学术思想被哲学同行们认为是“缺乏哲学思辨”且“理论高度和哲学深度不足”。另一方面，由于丹尼特的研究内容涵盖范围广，不仅涉及哲学、心理学等传统心智研究领域，还涉及人工智能、神经生理学、生物学、动物行为学及人类学等诸多学科，因此一些学者批评丹尼特的心灵哲学“缺乏系统的严谨性”，甚至有人认为他的思想过于零散，根本不足以构成一个完整的哲学体系。

关于“技术含量不足”的问题，这的确是丹尼特的一种个人风格，他本人非但不认为这是缺陷，反而相当满意这种论述方式。但是对于他的思想是否构成体系的问题，丹尼特本人并没有明确的回应。不过，如果将丹尼特的认知哲学思想置于自然主义语境下进行解读，我们将会发现，虽然他的研究涉及领域众多，讨论的问题相对分散，但其跨学科研究都是为了更好地以自然主义方法解决心智问题。从丹尼特的几部主要著作可以看出，他首先确定了以心灵的意向性和意识问题研究为基本内容的工作框架。之后，他以先意向性、后意识的顺序分别对这两个问题进行了深入的探讨，其成果是在意向性自然化解释的基础上构建了一套意识的自然化理论。这当中涉及人工智能、心理学、神经科学、生物学等众多学科的内容是非常合理的事情。而意识的自然化势必牵涉到另一个重要的哲学问题——自由意志是否存在。因此，自由意志的自然化便顺理成章地成为了丹尼特的下一个研究目标。在讨论这个问题时，丹尼特对动物行为学、伦理学、道德哲学等内容的思考充分发挥了作用。如此来看，丹尼特表面上貌似零乱的“各学科触及”并非任意而随意的，它们都在为其心灵自然化宏图服务。所有关于意识性、意识以及自由意志等认知现象的探讨，以及围绕这些问题所进行的其他领域内容的涉猎工作和研究成果都可以统一在心智自然化这个明确的主题之下。我们有理由相信，丹尼特的哲学并不是思想片断的不成体系的组合，而是呈现出高度的系统性、明确的主旨性和超前的创造性的哲学理论。

另一个需要澄清的问题是对丹尼特意向系统理论的“工具主义”质疑。意向系统理论是丹尼特处理常识心理学的合法性、意向性的本体论地位，以及其他人类现象，如自由意志、伦理问题等的基本理论。由于该理论否认意向性是物理实体之类的存在，认为意向状态描述能够成为我们解释和预测他人行为的有效工具，而被许多学者冠以“工具主义”理论之名。早期时候，丹尼特曾经公开承认自己的意向理论的确是某种“工具主义”理论，但是随着对意向问题研究的深入，他发现自己的立场与所谓的“工具主义”存在很大的差别。自 20 世纪 90 年代之后，丹尼特就一直试图摆脱“工具主义者”的形象，并围绕这个问题进行了大量的讨论。

简单来说，意向系统理论认为，当系统的行为相当复杂，以至于我们不得不采用意向立场策略来解释和预测它时，我们对意向状态的归属和意向模式的辨别就不再是任意的或主观的，这些意向状态和模式必须能够使系统行为得到最合理的说明。而在不同的立场或策略下，存在不同层次的实在性。用于解释或预测他人行为的意向模式（intentional patterns）虽然只能从意向立场的视角才能辨别，但它却因意向立场的成功而获得了本体论承诺。因此，意向模式是与物理实在不同层次的一种高层次存在。也就是说，意向模式并不只是描述和解释的工具，它是真实存在的。相应地，意向状态凭借意向模式的实在性而获得了本体论承诺，意向状态同样是一种高层次实在。丹尼特将自己的这种形而上学立场称为“温和实在论”，它通过对意向性的本体论地位进行辩护来突显与工具主义的差异性，同时又与物理主义的本体观有所不同。应当说，“温和实在论”是丹尼特对工具主义质疑的一种有效回应，它表明意向系统理论并非多数人所认为的属于一种“工具主义”理论。丹尼特反复强调自己的形而上学立场，就是希望其他人能够真正理解他意欲阐述的观点，摆脱人们对他的“工具主义”印象，消除各种偏见和误解，使自己的观点能够得到全面而客观地评价①。

第五节　本书关注的重点

在介绍丹尼特自然化工作的过程中，有几个问题是本书特别关注的，也是大家在了解丹尼特的学术思想时应当特别注意的。

首先，如何利用意向理论解释意识和自由意志。丹尼特认为，意向性相较于意识和自由意志而言是更为根本的心智特性，意识和自由意志都是某种具有意向的心智现象，它们都属于意向立场的范畴，我们应当在理解意向性的基础上理解意识和自由意志。丹尼特基于这一原则构建了他的意识和自由意志理论。本书特别关注的是他如何利用意向系统理论诠释意识现象，如何通过意向归属策略解决自由意志与决定论之间的矛盾。

其次，解决人类两种形象对立关系的“非还原”策略的价值。如果我们既不愿取消自我概念和心智词汇，又无法摆脱实体二元论带来的困扰，我们就必须寻找能够将两种形象协调起来的方法。在行为主义、同一论等还原理论步履维艰的情况下，丹尼特建构了一种以意向系统理论为核心的“非还原”解释理论，为心智现象研究提供了一种全新的研究策略。本书将在描述丹尼特思想内容的同时，重点关注其心智理论“非还原论”特征的具体体现，并阐明其方法在解决心智和认知问题上的合理性和方法论意义。

再次，丹尼特对进化理论的应用。意向性、意识和自由意志的自然化解释工作最重要的内容就是阐明这些认知现象是如何产生的，丹尼特对认知现象的发生学阐释主要借助了达尔文的进化理论。在他看来，我们的认知能力绝不可能是某个超自然神灵的恩赐。在心智演化的道路上，不存在所谓的“空中吊钩”（skyhook），即“一种‘第一心智’（mind-first）的力量、能力或过程，对于以下原则——一切显然是设计的产物最终都是无心智、无动机的机械过程的结

① 丹尼特对工具主义质疑的回应见本书第三章第二节第三点。

果——而言，它是个例外”[①]。我们需要的是一台“起重机”（crane），“它是一个设计过程的子过程（subprocess）或特殊特征，该设计过程可以被证明对本地基本而缓慢的自然选择过程起到了加速作用，并且它本身亦是基本过程的可预测（或可进行追溯性解释）的产物”[②]。也就是说，我们在遇到解释困难时不能指望非自然力前来救场，而只能脚踏实地依据进化理论，通过自然的演化历程一步步揭开心智从无到有、从简单到复杂的发展过程，只有这种解释路径才能使心灵不会成为虚无缥缈的存在。

最后，丹尼特对自由意志与道德责任关系的全新理解。在常识观念中，道德责任是以自由意志为前提的，个人拥有自由选择行为的能力，因此个人对基于自由意志所选择的行为负有道德责任。然而，丹尼特在对自由意志的进化过程进行考察时发现，道德责任在很大程度上参与了自由意志的文化进化过程。我们不是因为有了自由才具有道德，而在因为我们自愿接受道德约束、能够承担道德责任，社会和群体才会赋予我们自由选择的权利。道德责任和自由都是群体互动的结果，正如神经科学家迈克尔·加扎尼加所说：“当一个以上的大脑进行互动，不可预测的新事物就开始突现，建立了一套新规则。责任和自由，就是这套新规则获得的两种之前没有的特性”[③]。本书作者认为，对自由意志与道德责任关系的反传统理解，以及与之相关的自由的文化进化过程是丹尼特自由意志理论中非常值得关注的问题。

① Dennett D C. Darwin’s Dangerous Idea：Evolution and the Meaning of Life. New York：Simon and Schuster，1995：76.

② Dennett D C. Darwin’s Dangerous Idea：Evolution and the Meaning of Life. New York：Simon and Schuster，1995：76.

③ 迈克尔·加扎尼加 . 谁说了算？自由意志的心理学解读 . 闾佳译 . 杭州：浙江人民出版社，2013：127.

第三章

意向性的自然化

自我概念的自然化不是一项容易的工作，因为各种自我概念紧密联系在一起，构筑了一个看似相当牢固的堡垒。它们之间相互依赖，又相互加强，要想将这些自我概念与科学概念相协调，必须找到一个合适的突破口。丹尼特认为，在各种自我概念中，意向性是比较容易科学处理的。传统的哲学观念认为意向性总是有意识的或潜意识的，即有意识的生物才有意向性。因此心智哲学通常的做法是先建立一种意识理论，然后再根据意识来解释意向性。塞尔（John Searle）就持有这样的观点。但丹尼特的想法是反其道而行之，他认为意向性是一种更为根本的特性。意向性在自然界普遍存在，即使是最低等的动物也具有意向性。而人的意识和自由意志在他看来都是意向概念，只要能将意向性纳入科学解释的范围，那么意识和自由意志的自然化就比较容易进行了。因此，丹尼特自然化工作的第一阶段首先是意向性的自然化，第二阶段是意识和自由意志的自然化。用他的话说，他是要用"意向硬币买到这些精神财富[①]。"

意向性的自然化必须回答两个问题：一是意向性是什么？或者说，具有意向性的系统与不具有意向性的系统究竟存在哪些差别？二是意向性如何产生？即，如何以科学的方式为意向性的出现提供合理的解释？对于第一个问题，丹尼特提出，我们有三种解释系统行为的策略，其中作为常识心理学术语的意向

① Dennett D C. Brainstorms：Philosophical Essays on mind and Psychology. Cambridge：The MIT Press，1978：xiv.

性概念属于意向立场的范畴，信念和愿望都是仅从意向立场才能辨别的意向状态，其实质是由意向立场承诺的理论实体。而丹尼特对第二个问题的解决则代表了他主张的某种“小人功能主义”，即具有意向性的系统是由更低层次的、只能执行更简单功能的物质成分构成的，这些物质成分的组合体，只要以正确的方式看待，也可以具有意向性。

第一节 意向性的归属

一、常识心理学的地位

在取消论者那里，常识心理学是一种毫无希望的错误理论，其所预设的信念、愿望等理论实体都应当被取消。如果事情真如取消论者所言，那问题倒是比较容易解决了，我们再也用不着费时费力地去探索心智现象究竟是什么，我们也可以不再使用信念或愿望这样的意向概念，这看似是个一劳永逸的办法。但事实是，很少有人真正支持取消论的主张。这是由于，常识心理学尽管不是一门系统的、严谨的心理科学，但它是在我们长期的日常生活中逐渐形成的对人的行为进行说明和预测的策略，我们一直在使用信念、愿望这样的词汇，即使我们根本不知道在科学的意义上信念和愿望到底是什么。我们无需知道，因为信念和愿望的日常定义就赋予了它们这样的解释功能，没有受过任何科学训练的人也能够根据信念和愿望作出行为或解释别人的行为。丹尼特提出，常识心理学具有四点长处：存在许多领域，常识心理学在其中都具有非常可靠的预测力；常识心理学是一门多产而高效的理论；即使没有多少行为经验的小孩子也具有使用这种理论的能力；我们可以自然地使用常识心理学而不必知道在我们头脑中所真正发生的事件[①]。想象一下在日常生活中你是如何根据别人的行为揣测他的信念和愿望的，这在任何人看来都是自然而然的事情，这项工作并不存在什么困难。诚然，常识心理学可能会出错，也存在极少数的情况——我们很难对自己或别人的行为做出合理的解释，但那些只是特殊情形。常识心理学的这些缺陷并不妨碍我们在大多数情况下可以正确地判断别人行动的理由。因此，“常识心理学必须总体上是真的，否则我们将不会生存[②]。”

---

① Dennett D C. The Intentional Stance. Cambridge：The MIT Press，1987：48.

② 约翰·塞尔. 心灵的再发现. 王巍译. 北京：中国人民大学出版社，2005：54.

常识心理学的解释策略非常符合人的外显形象对人的描述：人是根据信念和愿望来行动的，信念和愿望毫无疑问具有因果效力。利用信念、愿望等意向状态解释行为，不仅使人的行为看起来是在心理状态的影响下发生的，而且为行为提供了合理的理由，使行为实施者成为一个理性行动者。因此常识心理学并不是一种毫无价值的理论，我们不能生活在只有科学概念而没有常识概念的世界里，我们对常识心理学决不能采取取消论那样的极端态度。

在丹尼特看来，对待信念这样的心理状态，取消论固然不可接受，还原论同样不可取。心灵研究史上的各种唯物主义理论都对信念这样的心理状态进行了某种还原：行为主义将信念还原为行为或行为倾向；同一论认为心理状态必然同一于物理状态，无论这种同一是类型的还是个例的；功能主义把心理状态看成是与刺激输入、行为输出及其他心理状态相关的因果功能状态，强人工智能则将心灵等同于计算程序，大脑就是运行心灵程序的物理硬件。塞尔曾在《心灵的再发现》一书中对各种形式的唯物主义还原理论进行了批判。他指出，无论采取哪种形式的还原论，都存在着很大的困难，它们的共同问题就是遗漏了我们心灵的某些重要特征。丹尼特也认为，心理状态本身就是不可还原的，我们应当在接受这一事实的基础上对心理状态进行说明。沿着这种思路，丹尼特提出了他解释意向状态的策略——意向立场。

二、三种解释策略

意向立场是一种解释策略，它“是这样工作的：首先决定将你要预测其行为的那个对象当做一个理性行动者；之后根据它在世界中的地位和它的目的勾画出它应当具有的信念。再以同样的方式找出它应当具有的愿望，最后根据它的信念预测出这个理性行动者将会为了达到它的目标而作出行动[①]。”也就是说，意向立场策略与常识心理学一样，是借助对象系统的信念和愿望等意向状态来解释和预测行为的，换句话说，利用常识心理学作为一种解释策略实际上就是对被解释系统采用意向立场，即把对象系统看做是依信念和愿望而行动的理性行动者。

前面已经提到，意向立场对于解释和预测人的行为非常有效。此外，意向立场还可以用来解释动物的行为。动物行为学研究者设计了一个实验，他们在

① Dennett D C. The Intentional Stance. Cambridge：The MIT Press，1987：17.

其他猩猩不在场的情况下交给一只大猩猩一串香蕉。得到香蕉的猩猩没有拿着香蕉与其他同伴一起分享，而是把香蕉藏到了一个它认为比较安全的地方。之后，这只猩猩没有在藏香蕉的地方一直守护，而是跑到了比较远的地方，故意不去接近香蕉的藏匿地。实验者如此解释猩猩的行为：它相信香蕉是一种美味的食物，它也相信如果其他同伴发现了香蕉会来和它争夺，它希望独自享受香蕉的美味，它知道把香蕉藏到一个隐蔽的地方也可避免其他同伴发现它的香蕉，它还相信暂时远离香蕉可以迷惑同伴，使它们找不到香蕉真正的藏匿地，它相信这样的方法可以帮助它独享美味。此时我们就是在用意向立场的策略来解释猩猩的行为：首先肯定猩猩是一个理性行动者，即它不是无端地作出这一组行为，它是为实现某个目标或达到某种目的而行动的。之后我们将一组信念和愿望等意向状态归属于猩猩，这组信念和愿望可以使猩猩的这一系列行为都成为合理而有意义的，这样猩猩的行为就可以很好地得到解释。

我们还可以对更低等的生物体采取意向立场。例如，我们可以采用该立场来解释落叶植物秋天的落叶行为。植物落叶是因为它相信冬天是非常干燥的，而且它知道如果它在冬天还保留着大量的树叶会让它丧失更多水分，它想要在冬天尽可能多的保存水分，因此它相信只有放弃那些茂密的树叶才能达到这个目的。我们把落叶植物设想成理性行动者，它们为了生存的目的，基于由外界信息产生的信念和愿望而采取各种各样的生命行为。我们对这些生物体采取意向立场，可以在不了解生物体内部具体构造的情况下解释它们的行为，使一切生命活动看起来都是有意义的和可说明的。

除了生物系统，丹尼特认为对于非常复杂的非生物系统，我们也可以采用意向策略。下棋计算机是一个很好的例子。试想我们像国际象棋世界冠军卡斯帕罗夫那样与“深蓝”之类的下棋计算机进行象棋比赛。想要赢得比赛你最关心的一定是这位计算机对手接下来要走哪一步棋，也就是说，你想要预测对手的行为。据说高手下棋每走一步都能看到之后五步甚至更多的棋局。如果没有很好的预后性，想要赢得比赛是很困难的。但是计算机的运行程序太复杂了，1997 年的“深蓝”计算机在当时拥有超人的计算能力，每秒可检查超过两亿个棋步。这样的超级系统的行为如何进行预测呢？丹尼特认为，我们可以对下棋计算机采用意向立场，也就是将它看成是一个理性行动者，它拥有明确的目标（赢得比赛），懂得下棋的规则，能够收集来自外界的信息（对手的招数），并理解当前棋盘上的形势，它走的每步棋都是一个理性选择的结果。在这个假设之下，我们可以给下棋计算机归属信念和愿望。比如，当你“将军”时，计算机应该具有“我的帅正面临威胁”的信念以及“我想要保住我的帅”的愿望，并且能够根据这些信念和愿望走出正确的一步棋。只要将下棋计算机看成是一个理性行动者，了解它的目标是战胜对手并且避免被对手打败，我们就可以预测它走出的每一步棋都应当是实现这个目标的最佳选择。

对于下棋计算机，我们还可以采取别的方式进行预测。丹尼特在意向立场策略之外还提出了另外两种解释策略——设计立场（design stance）和物理立场（physical stance）。设计立场是根据系统的设计来解释和预测系统行为的策略。例如，要预测一个闹钟会不会在你设定的时间响铃，你完全可以根据闹钟的设计意图来进行这项工作。闹钟的设计意图和功能决定了它会在设定的时间响铃，即使你不了解闹钟的工作原理，也可以做出这种预测。我们身边还有许多这样的例子，如电视机、冰箱等。相信这些机器的工作原理不是所有人都能懂得的，但是我们依然可以正常使用这些产品，因为我们只需要了解他们的设计功能就足够了。设计立场还可以被用来说明有机体内各种组织的功能。例如，人眼的功能是收集视觉信息，我们告诉小孩子眼睛可以用来看东西，但我们可能并不了解眼睛是如何看东西的，我们预测眼睛会“看东西”只是基于眼睛的设计用途。在人类的进化过程中，眼睛的存在就是为了实现“看东西”的目的。每当我们借助系统的功能或用途来说明一个系统时，我们就是根据该系统将按照“它被设计的那样”去预测其行为。

当然，如果你的确想了解闹钟为什么会在设定的时间响铃，或者眼睛究竟如何收集视觉信息，那么我们就不能采用设计立场了。设计立场只能预测系统会完成它的工作，并不能解释系统是如何完成这些工作的。这时我们需要采用第三种策略——物理立场。“从该立场，我们的预测是基于个别对象的实际的物理状态，通过运用我们所具有的关于自然规律的任何知识而产生的[①]。”物理立场是根据系统的物理状态和物理规律来预测其行为的策略。闹钟之所以会响铃是由于它内部的物理构件以适合的方式组装在一起，我们基于它的物理构造就可以明白它的工作原理。人的眼睛也是如此，我们从物理立场解释眼睛，必须说明眼睛的角膜如何接受光线信号，进入眼睛的光线如何投射在视网膜上，视网膜如何通过感光细胞把光信号转变为电信号，再经过视神经传输到大脑。如果得了白内障或青光眼，医生会从物理立场来解释眼睛为什么不能按照设计的功能正常工作。

① Dennett D C.Brainstorms：Philosophical Essays on Mind and Psychology. Cambridge：The MIT Press，1978：17.

让我们分别采用三种立场来说明下棋计算机的工作，以便更好地理解它们各自的特点。物理立场必须借助系统的物理构造和物理状态来解释系统行为。计算机的物理状态是它的真正的物理组件所具有的状态，也就是它的集成电路里的电流信号的状态。如果我们想通过物理立场来预测下棋计算机的行为，我们需要了解它的全部电信号的变化过程，这使得预测工作的代价变得非常大，它所耗费的时间和精力往往是我们承受不了的。但物理立场也有自己的优势，如果每一次预测都是完全根据真实的物理状态进行的，那么预测结果就不会出错，预测过程也不存在任何风险。

采用设计立场预测下棋计算机我们会轻松许多，因为我们不需要了解计算机实际的物理状态，只要知道有关程序运行的细节和程序开发者为程序设计的功能，我们只要遵循程序的计算指令和规则就能预测下棋计算机对于对手走出的每一步会做出什么应对。这意味着我们花相对较少的时间和精力就能完成预测工作。但设计立场的运用存在风险。如果目标系统不能正常工作，比如闹钟没电了或计算机系统运行失常，那么设计立场就不能准确预测系统的行为。这意味着设计立场的有效性需要具备一些条件，只有在目标系统运转正常及其他外界条件都满足的情况下设计立场才能发挥作用。

如果你觉得采用设计立场仍然不太可行（了解计算机程序和功能的细节也不是一件容易的事），那么我们就应当转向意向立场。在把计算机看成理性行动者的情况下，它的一切行为都应该是实现目标的最佳选择。这样我们可以在不了解计算机物理状态和设计功能的情况下预测它的行为，这将使预测工作更加容易，我们只需要关注那些最能够帮助计算机达到目的的棋路，因为那就是它将要走出的棋路。意向立场显然比设计立场更加高效，它忽略了一切计算机的内部状态，无论这种状态是物理状态还是程序状态，但是它的风险也更大，需要具备更多的假设条件。不仅系统的物理状态是正常的，设计功能是健全的，它还必须具备根据外界环境变化做出最佳应对的能力。显然，这使得意向立场的预测结果出错的可能性更大。换句话说，运用意向立场风险更大。

三、意向系统理论

虽然意向立场的运用存在风险，但对于生物体或下棋计算机这样的复杂系统而言，其行为的多样性和灵活性决定了我们只能采用意向立场进行解释和预测。丹尼特认为，如果意向立场是解释和预测一个系统的最佳方式，那么这个系统就是一个意向系统，即系统会根据信念和愿望做出最合理的行动。这样，我们是否可以将信念、愿望以及什么样的信念、愿望归属于某系统，而只需要考虑两条原则。这两条原则是：第一，系统是否足够复杂以至于我们不得不采用意向立场才能预测系统的行为；第二，系统应当具有哪些信念和愿望才能使该系统的行为具有合理性。只要某一组信念和愿望能够使系统的行为得到合理的解释，我们就认为该系统是真正具有信念和愿望的。我们必须要将系统应当具有的那些信念归属于它。任何以这种方式具有信念的系统都是一个信念者，即"任何其行为可被此策略（意向立场）很好地预测的系统都在完全的意义上是一个真正的信念者。成为一个真正的信念者就是要成为一个意向系统，其行为通过意向立场可以得到可靠而大量的预测①。"信念者所具有的信念是那些使其行为有意义的信念。

丹尼特这种涉及信念等意向状态的方式有三大好处。其一，它摆脱了其他心理概念的影响，只要信念能够在对系统的意向立场解释中成为使系统行为有意义的关键因素，那么该系统就被认为是拥有信念，这与系统是否是一个有意识的人无关，从而使信念与非常难于科学处理的意识分离开来。其二，这种系统对信念的拥有中立于任何对该系统可能出现的科学结论。如果信念是大脑当中的思维语言或其他具体的大脑状态，则其对科学研究成果具有很强的依赖性。一旦出现了新的科学经验与传统的哲学理解不相符合，就会使我们对于具有意向性这一现象的认识再次陷入混乱之中。其三，意向立场使意向性关涉非存在物的特征得到比较圆满的解释。假如信念者具有的信念是大脑中的客观存在物，则其关涉物理时空中不存在的对象的特征就很难被说明。而如果信念者仅是一个意向系统，其所具有的信念只是使其行为得以合理解释的信念，那么只要对不存在物的信念能够合理解释系统行为，我们仍然可以为该系统归属这样的信念。

有批评者指出，丹尼特这样的信念归属原则过于宽泛，我们甚至可以给桌子或者石头归属信念。石头躺在地上一动不动是因为它"想要"待在原来的地方，它"相信"这个地方对它来说非常适合。丹尼特指出，作为一个物质系统，石头的行为并不具有如此的灵活性，加上我们采用意向立场解释石头并不能比我们采用物理立场解释石头获得更多关于石头行为的认识，因此这是我们不必对石头采用意向立场的一个主要原因。而人、动物和下棋计算机则不同，他们

① Dennett D C. The Intentional Stance. Cambridge：The MIT Press，1987：15.

（它们）的行为能够随时根据外界环境的变化而变化，对外界信息具有相当大的敏感性，如果我们不采用意向立场，我们将无法解释这些系统的行为。意向立场对这些系统来说是必不可少的，因为我们没有其他办法。

但是自然界的物质系统是相当丰富的，其复杂程度也可以看做是逐渐递增的，那么各种立场运用范围的分界线在哪里呢？丹尼特主张，在系统复杂性增加的过程中，并不存在一个明确的界限可以使我们对线一边的系统只能采用低层次立场而在线的另一侧则必须采用高层次立场。事实上，有一些系统我们既可以用设计立场也可以用意向立场进行解释，“但是随着系统成熟性的增加，我们采用意向立场获得的东西会越来越多，不采用则会失去越来越多[①]。”

第二节　意向性的本体论地位

意向性的本体论地位是心智哲学中的一个焦点问题。对这个问题的两种极端看法构成了针锋相对的两大阵营，即以福多为代表的强实在论和以丘奇兰德夫妇为代表的取消论。丹尼特对这两种观点都不认可，他选择了一条中间路线：承认意向状态的实在存在性但否认其是强实在的存在，丹尼特称他的这种实在论为温和实在论（mild realism）。温和实在论不仅是关于意向性的本体论地位的理论，也是关于从意向立场追踪到的意向模式的本体论地位的理论。也就是说，意向模式和意向性都是实在的，并且在丹尼特看来，意向立场的成功运用承诺了意向模式的实在性，而意向模式的实在性进一步承诺了意向状态的实在性。

一、意向模式实在论

意向模式是由一组包含信念、愿望等意向状态的命题构成的，它是从意向立场辨别出的系统的行为模式。丹尼特对意向模式实在论的论证涉及两个方面。首先是模式（Pattern）的实在性，即承认世界本身是有模式的，且这些模式是真实存在的；其次是意向模式的实在性，意向模式也是世界中存在的一种模式，它的实在性不仅依赖于模式的实在性，还以意向立场的成功运用为前提和保证。

---

① Elton M . Daniel Dennett：Reconciling Science and our Self-Conception. Cambridge：Polity，2003：46.

1. 模式的实在性

意向模式是从意向立场对人的行为进行解释的结果。丹尼特认为，意向模式只是世界中存在的诸多模式之一，人的行为具有模式源于世界本身的具有模式。模式的实在性保证了意向模式的实在性，意向模式实在论以模式实在论为基础。

丹尼特对模式实在论的论证是借助“生命游戏”（Game of Life）来完成的。生命游戏是英国数学家康威（John Conway）发明的细胞自动机。游戏发生在一个二维坐标方格内，每一方格都代表一个或“生”或“死”的细胞，所有细胞构成一个“生命世界”。每个细胞都有 8 个邻居（东、南、西、北、东南、西南、东北、西北，边界细胞的邻居数量为 5 个，四个角上的细胞邻居数量为 3 个）。游戏参与者只需要设定每个细胞的初始状态（第 0 代细胞状态），之后细胞便开始遵循以下三条生命规则自动演化。

（1）有 2 个活邻居的细胞保持当前状态至下一代（当前状态为“生”则下一代仍为“生”；当前状态为“死”则下一代仍为“死”）；

（2）有 3 个活邻居的细胞在下一代为“生”（无论当前状态如何）；

（3）在其他情况下，该细胞下一代为“死”。

生命游戏已经在计算机上得以实现，即使不借助计算机模拟，观察者仍然可以准确无误地根据规则确定每一个细胞在每一代的状态。因此在观察者眼里，从细胞演化这个层面上讲，生命世界是一个不折不扣的决定论世界，这里不存在任何意外。

尽管生命游戏的规则相当简单，但它能够产生的效果却大大出乎人们的预料。某些极不起眼的初始状态能够幻化出相当神奇的演化过程。最能说明问题的是图 3.1 的这种初始状态（黑格代表活细胞，白格代表死细胞）：

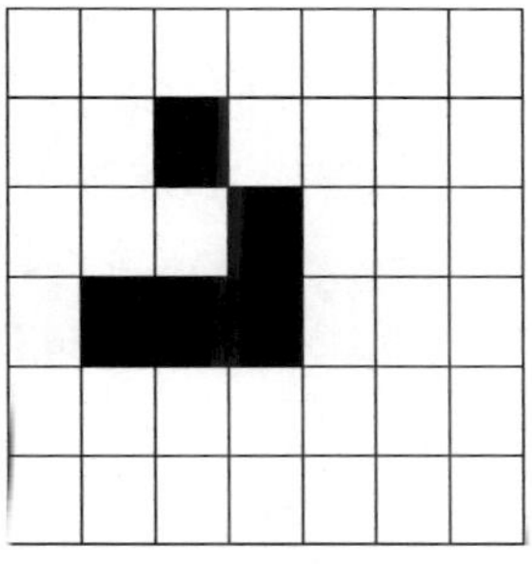

图 3.1　第 0 代细胞状态

该状态只有 5 个活细胞，但它的演化过程却相当有趣（图 3.2）。

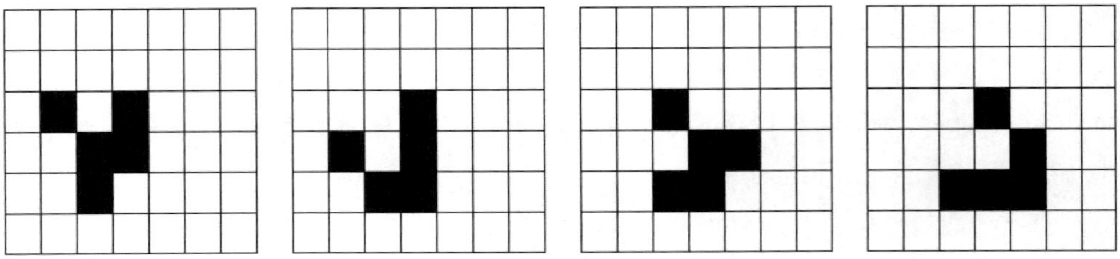

第1代　第2代　第3代　第4代

图 3.2　第 1 ～第 4 代细胞状态

第 4 代活细胞的分布与第 0 代完全一致，只是整体位置向东南方向移动了一格，同样第 5、第 6、第 7 代的活细胞分布也分别与第 1、第 2、第 3 代相同，但整体位置向东南移动。由此可见，该初始状态的演化过程呈现出明显的规律性：它只有四种形态，这四种形态依次出现，形成一个周期，每一个周期的位置与上一个周期相比都向东南方向移动一格。由于其演化过程就像一个物体的滑行过程，我们将其命名为“滑行物”（glider）。

滑行物的规律性使我们无需计算生命世界里每一个细胞的状态就可以轻松地预测它的下一代。换言之，我们可以用比逐一计算每一个细胞的状态更高效的方法来获得关于整个滑行物下一代状态的信息。如果我们想向他人传递关于滑行物的信息，也不必逐一描述每一个细胞每一代的状态，而只需像上文中那样做言简意赅的刻画。这种简洁的刻画正是丹尼特所谓的“模式”。受数学家蔡廷（Gregory Chaitin）的启发，丹尼特提出了“模式”的定义：一个数据系列不是随机的——具有一种模式——“当且仅当存在某种更高效的方式去描述它[①]。”换句话说，如果对一组数据的描述可以不必逐一刻画每个数据，即使用比特图（bit map）将数据组“压缩”成更简洁的表达式，那么该数据组就是有模式的。例如下面的数组：

1　4　9　16　25　36　49　64　81　100

我们很容易看出这组数据的模式是“自然数 1 ～ 10 的平方数”。

丹尼特指出，在生命世界这样一个决定论世界里，我们既可以通过运用规则逐一计算每个细胞下一代的状态，也可以借助滑行物这类结构变化规律来进行预测。前者代表我们对生命世界采取“物理立场”（the physical stance）策略，因为我们完全是根据细胞的物理状态和生命世界的物理规则来进行预测的。在

① Dennett D C. Brainchildren：Essays on Designing Minds. Cambridge：The MIT Press，1998：101.

此策略下，我们只能看到生与死的细胞。后者代表我们在采用了“设计立场”（the design stance）策略，借助结构或功能属性来进行预测。这时我们看到的不再是生与死的细胞，而是细胞演化的“模式”。

滑行物这样的模式是对细胞状态数据进行压缩的结果。利用它，我们不再需要对每一个细胞逐一进行计算也能精准预测细胞的状态变化，这使我们获得了更大的预测能力和更高效的预测过程。在丹尼特看来，只要模式能够对数据的表达方式进行压缩，那么它就不只是有用的工具，而是“实在的”（real）。因此，滑行物与细胞一样都是实在的，只不过细胞是物理立场下的实在，而模式是设计立场下的实在，两者属于不同层次的本体论空间。与生命世界一样，真实世界也存在不同层次的本体论空间——物理空间和设计空间。在真实世界中，模式是实在且视角独立的（perspective-independent）。如果你看出了模式，证明你恰好碰对了视角。即使没人能看出模式，但是模式依然存在：“数据中存在的模式——是实在的——如果对数据的一种描述比比特图更高效，无论是否有人能够编制它[①]。”这就是丹尼特对于模式的本体论承诺。

2. 意向模式的实在性

在生命世界里，我们对细胞状态数据的压缩产生了滑行物这样的模式。在真实世界里，我们对计算机二进制数据的压缩产生了程序这样的模式。如果我们将人类的日常行为也看做是一组庞大而复杂的数据，我们可以对这个数据进行压缩吗？事实上，当我们需要对人的行为进行解释时，民间心理学提供了压缩和理解这些数据的一个很好的视角。民间心理学的本体论空间中存在着诸如“信念”“愿望”这样的意向性概念。通过意向状态归属的策略，民间心理学对行为数据进行了压缩，进而对人的行为做出了合理的解释和预测。普通民众在不自觉地使用这种策略，多数哲学家对它的解释和预测力也都持肯定态度。我们认为，民间心理学的成功有两方面暗示：首先，完全无模式的行为数据既是不可压缩的，也是不可预测的。如果人的行为可以预测，那么当中必定存在着某种模式；其次，通过意向状态归属，我们可以追踪到人的行为中的模式，因而在预测未来行动方面获得了巨大的能力。

归属意向状态的策略就是意向立场策略。“这个策略就是采用一个预设来解释某个物体。这个预设说，那个物体接近以最佳方式设计的（或合理的）自我

① Dennett D C. Brainchildren：Essays on Designing Minds. Cambridge：The MIT Press，1998：103.

关心（self-regarding）的行动者这一理想[①]。”也就是说，意向立场策略是在将被解释系统看作理性行动者的情况下，通过将意向状态归属于该系统来达到解释目的。丹尼特相信，当我们从意向立场对行动者（可见的）行为进行解释时就可以辨别出系统行为中存在的模式。我们首先假定被解释者是一个理性行动者，因此他的一切行为都应该被视为合理的，是为实现某个目标而采取的。之后，根据丹尼特的原则：“属于该系统的信念和愿望就是那些使系统的行为有意义，使系统行为成为可获得的最合理的行动过程的信念和愿望[②]，”我们进行意向状态归属，这样我们就得到了由一组包含信念、愿望等意向状态的命题所组成的行为模式。假设你看到一个人拿着杯子走到饮水机那里接了一杯水，根据意向立场，他的这一系列行为的目标就是喝到水，这个目标的实现是缘于：这个人“知道”自己渴了，他“相信”饮水机里有水，他“想要”从饮水机里得到水。这就是我们采用意向立场所追踪到的由意向状态组成的行为的“意向模式”。

利用意向立场进行预测的过程非常简单。你不必了解系统的物理结构和物理规律，也无需清楚系统实现目标的途径，只要把系统想象为拥有意向状态的理性行动者，就可以对系统的行为进行解释和预测。因此，基于意向立场的预测是最高效的。另一方面，作为对意向系统行为数据的压缩，意向模式虽然具备了处理复杂数据时所必需的经济性，但意向模式本身是有风险的。这是由于产生意向模式的意向立场的应用需要一些附加条件：目标系统不仅要具有一定程度的理性和行动的目标，还要具备实现该目标所必需的各种意向状态并能够借助它们实现目标。相比这下，由于物理立场是完全根据系统的物理状态和物理规律进行预测，所以风险（即出错率）最小而代价（如花费的时间和精力等）最大，就像我们在生命世界里运用规则预测细胞的状态变化那样。设计立场的情况居中。我们认为，如果目标系统只是相对简单的系统（如闹钟或恒温器），设计立场也能够满足解释和预测的要求。一旦系统的复杂性和智能性增加，设计立场便不能胜任预测工作，我们就必须转向意向立场。尽管采取意向立场存在风险，意向模式也可能存在瑕疵，但是为了能够在看似杂乱无章的行为数据中追踪和把握目标系统的行为趋势，我们冒险上升到最高层次的解释策略也是可以接受的。

按照我们对模式的理解，如果对一个系统行为的物理层次的描述可以用一

① 丹尼尔·丹尼特．我的哲学研究综述．// 欧阳康．当代英美著名哲学家学术自述．北京：人民出版社，2005：105-106.

② Dennett D C. The Intentional Stance. Cambridge：The MIT Press，1987：20.

种更高层次的描述来压缩，那么该系统的模式就在压缩的数据中。意向模式就是对人或其他智能系统的行为数据从意向立场进行压缩的结果，因此意向模式就是人或其他智能系统的行为模式，这个模式使得智能系统的行为统一在一个合理的目标和理性的目标实现策略上。与从设计立场辨别出的各种模式一样，从意向立场辨别出的意向模式也是实在的，是专属于意向空间中的存在物，与物理空间和设计空间的存在物分属不同的本体论层次。也许这种意向模式或多或少存在缺陷，但就其经济、高效与实用性而言，意向模式仍然不失为一种解释和预测复杂系统的最佳途径。正如假使我们不对生命世界采取设计立场，我们就错过了隐藏在细胞演化过程中的实在模式一样，如果我们不对人这样的复杂智能系统采取意向立场，我们同样会错过隐藏在其行为之中的实在的模式。丹尼特就此对意向模式的实在性做出了本体论承诺。

二、意向状态实在论

如果我们承认民间心理学所具有的强大的理解、解释、推理和预测能力，那么我们就不能像取消论者那样，轻易放弃使用这种在日常生活中被心照不宣地接受的常识性原则。但肯定信念实在性的强实在论观点要求信念的存在必须以脑中的某个实体或结构的存在作为保证，这使得该论点面临许多困难。

在丹尼特看来，将信念当做是脑中真实存在的实体或结构，即信念是一种因其内在本质而存在的“自在”（in-itself）的实在，这是一种对信念的本质主义理解，是笛卡儿主义在当代的延续。相反，他主张：“像引力中心和力的平行四边形这样的抽象物一样，最高层次的立场（即意向立场）所假定的信念和愿望并不具有独立的、具体的存在性[①]，”各种意向状态的本体论地位都是由其所属的意向立场所承诺的。

上文已经阐明了丹尼特的三种解释和预测策略，即物理立场、设计立场和意向立场。如果我们需要了解一个系统的物理细节，或者需要从物理结构、过程和物理原理的层次才能预测系统的行为，我们就必须采取物理立场。设计立场比物理立场高一层次，它是通过考察系统的设计或功能来预测系统行为的。大部分人工制品都在产品中包含一定的功能理念，因此都可以借助设计立场来进行预测。意向立场是最高层次的立场。当系统的行为相当复杂时，我们可以

① Dennett D C. Brainchildren：Essays on Designing Minds. Cambridge：The MIT Press，1998：360.

忽略其物理和设计层次，直接采用意向立场，借助系统的意向状态来解释其行为。

丹尼特指出，一种立场不仅是一种预测策略，还是一种理解世界的方式。“每种立场都有属于自己的一组对象或概念，一组恰当的问题，以及一个由适合于它的解释范式所构成的整体①。”因此，每种立场都承诺了一组适合于该立场的实体或存在，每种立场的运用都构成了一种谈论和解释的框架。我们是否应当对这些概念或范畴持实在论的态度，取决于它们的使用是否可以使其所属的立场获得解释与预测的成功，它们是否可以帮助我们更好地理解和把握这个世界的规律。因此，我们应该更关心这些概念的理论价值，而不是它的纯粹的形而上学地位。

当我们采用物理立场时，我们使用“重心”这样的物理学概念去构建理论、解释现象。在物理层次上，“重心”这样的抽象对象是对物理世界的某种自然特性的简易表征，它对物理立场的成功具有重要意义，因此我们认为，在物理立场的范式中，重心是实在的。然而当我们采用设计立场来解释和预测系统时，设计立场使用的是各种表征设计层次特性的“设计”或“功能”概念。例如在解释恒温器的工作时，我们只会考虑恒温器的设计目的，即它的功能就是要保证温度的恒定。我们不会关注恒温器内部的实际工作状态或物理状态，因此物理立场中的概念在设计立场下就失去了作为理论实体的地位。但像“设计”、“功能”这样的概念却因其在设计立场的成功中所具有的地位而获得了实在性。由此可见，“重心”和“功能”都是实在的，只是它们是属于不同立场的实在，它们也只有在各自所属的立场中才能成为实在的。

丹尼特曾多次表明信念这样的意向状态应当被当做重心那样的抽象对象来看待。这样的类比有两层含义：首先，信念像重心一样，只是一个抽象概念，而不是本质主义所主张的某种“自在”的实在。就像我们不能指望重心是物体内部的某个真实存在一样（有些形状不规则的物体的重心不在物体上而在物体外），那种希望为信念找到一个大脑内部的对应物，从而一劳永逸解决信念的实在问题的想法是不切实际的；其次，信念可以像重心那样拥有本体论地位。信念是属于民间心理学的概念，我们采用意向立场，就是像民间心理学那样借助信念、愿望等各种意向状态来解释和预测复杂的系统行为。如果意向状态的归属可以使意向立场具有强大的解释力和预测力，那么信念这样的意向状态的运

① Thompson D L. Daniel Dennett. New York：Continuum International Publishing Group，2009：92.

用就是成功的。按照丹尼特的观点，意向立场策略的成功确保了信念的实在性[①]，就像物理立场的成功确保了重心的实在性一样。

由于信念的本体论地位依赖意向立场的成功运用，因此某一大脑过程作为一个信念的地位是从它所归属的意向立场派生而来的。事实上，丹尼特认为，没有任何事物可以在脱离立场的情况下独立地拥有属性。物体具有“重心”依赖于物理立场的采用，在设计立场或意向立场谈论物体的重心是没有意义的；系统具有“功能”依赖于设计立场采用，我们也只能在这个立场下才能识别功能的概念，在物理立场和意向立场是没有“功能”存在的；同样，某一系统具有“信念”依赖于信念归属的意向立场，我们只有采用意向立场才能辨别出系统所具有的信念，也只有在意向立场中，信念才是实在的。重心、功能和信念是分属于三个不同层次的实在，每个层次的实在都只有在本层次的立场下才有意义并因此具有本体论地位。据此，丹尼特认为，没有哪种属性是本质属性，事物也不是因为具有了某种本质属性而成为自在的实在。不同的立场承诺了不同的实在，实在是依赖立场的。

三、对工具主义质疑的回应

虽然丹尼特一再强调意向性和意向模式都是实在的，但就其对两者进行的实用性描述而言，难免使意向理论给人留下工具主义的印象——意向模式只是一种好用的解释和预测工具，其价值在于它所具有的强大的解释力和预测力，而非本身具有实在性，意向性亦是如此。不能确定产生意向模式的意向归属行为不只是归属者的一种武断行为[②]。这就是意向模式引起的最大争议——工具主义质疑。

如果人们只是单凭主观意愿来选择各种解释策略，如果意向立场的优越性只表现为解释或预测的经济性，那么对该理论的工具主义质疑是完全合理的——意向理论只是一种更简洁、更高效因而更好用的手段而已，意向模式和意向状态是否存在完全取决于解释者的立场，与被预测系统的性质无关。但我们认为，这种工具主义论调并不符合丹尼特的原意，他的意向模式和意向状态远非工具主义者所认定的那种存在（或者可以说并不是真正的存在）。邓·罗斯（Don Ross）曾经指出：“当我们对一个系统采用意向立场的时候，我们并不只是简单地把它看做是“好像”具有心智……如果我们只是在这样做，那我们毫

① Dennett D C. The Intentional Stance. Cambridge：The MIT Press，1987：15.
② Brook A，Ross D. Daniel Dennett. New York：Cambridge University Press，2000：19.

无疑问就是工具主义，但事实上我们做得比这要多[1]。”

实际上，采用意向立场策略并不仅仅由于意向模式的简洁高效性。有一些复杂系统（如人类、动物）的行为根本无法通过物理立场或设计立场这样的低层次立场进行解释和预测，而只能采用意向立场进行解释和预测；还有一些系统（如下棋计算机）虽然可以对其采用低层次的立场进行解释和预测，但预测的繁杂程度往往超出了人们的承受能力。而采用高层次的立场则可以更小的代价获得更大的收益。以下棋计算机为例。一方面，从设计立场来看，合理的对弈程序是可以多种方式实现的，如编写程序语言、程序运行的环境等。因此程序的物理模式和设计模式千变万化；另一方面，下棋计算机所面对的对手也不尽相同。这两方面原因导致不同的程序或同样的程序在不同的棋局进行时所经历的过程是完全不同的。因此没有两盘棋的物理过程完全相同。那么如何评价各种下棋计算机所走出的每一步呢？我们认为，只有从意向立场才能解释这个问题：计算机是被合理设计的，它“知道”自己的目标是赢得比赛，它“相信”自己走出的每一步都是对当下棋局的正确应对并且“希望”能够打败对方获得胜利。“如果计算机走出了不得已的一步，则问题的关键不是当计算机的下棋过程有所不同时它会不会不走出‘这一步’，而是只要当它面对被将死的威胁时它就会走出这一步[2]。”如果我们从程序的物理立场和设计立场来解释计算机的行为，将无法获知这些千差万别的数据流所拥有的共同目标——赢得比赛。对于下棋计算机来说，意向立场是唯一能够合理解释其行为并追踪到不同行为中的共同模式的策略。意向模式体现出不同下棋程序背后所蕴含的共同规则，这些规则只有从意向立场才可见。

对像动物和人这样的高级生物体来说，情况更是如此。动物和人能够不断地从外界获取信息，同时根据这些信息不断调整自己的行为，它们对环境的应变能力更强，行为过程也更加复杂多样，每个生物物种都在千百万年的进化过程中形成了自己独特的行为方式（如有些动物善于奔跑，有些动物性格多疑）。尽管不同物种面对的外部环境各不相同，它们应对外部环境的方式也各不相同，但它们都有一个共同的目标——生存。意向立场对此的解释是：无论生物个体如何行事，其最终目标都是将存活下去的几率最大化。每个个体都“想要”生存下去，它们“知道”自己应当如何获取外界的资源，也“知道”当危

---

① Ross D，Brook A，Thompson D . Dennett’s Philosophy：A Comprehensive Assessment. Cambridge：The MIT Press，2000：20.

② Brook A，Ross D. Daniel Dennett. New York：Cambridge University Press，2000：21.

险来临的时候应该躲避以及如何躲避危险，它们“相信”只有足够机敏并且很好地利用自己得天独厚的本领才可以保证不被自然界所淘汰。按照上文所述的模式定义，所有从意向立场追踪到的意向模式都是对行为数据的压缩，都可以解释和预测未来的行为，因此这些模式都是实在的。但意向模式的实在性不只在于它能够解释和预测，更重要的是，意向模式在说明生物体的行为方式和行为倾向的同时描绘出了在自然选择压力之下所形成并决定个体行为模式的产生规则——只有能够以最合理的方式行动的个体才能获得最大的繁衍机会，从而保证该个体所属的物种能够在自然界延续下去——这些规则像预先编写好的程序一样控制着个体在信息处理和应对环境变化时的倾向性模式，而这些模式在其他立场中都是不可辨别的。在丹尼特看来，意向模式是唯一能够准确刻画、解释和预测复杂生物体之行为数据的模式，是我们为了追踪和认识复杂生物体行为之合理性所不得不采用的模式，因此该模式不只是简单的解释和预测工具，它是真实存在的，它对于生物体的生存和延续意义非凡。

丹尼特试图表明：自然选择的进化理论决定了意向状态和意向模式的出现是“不以人的意志为转移的”。意向模式是关系着生物进化和物种繁衍的行为模式，它是在千百万年的进化过程中，因选择压力的作用而形成并内嵌于生物个体的生存法则中的行为倾向，它是真实存在的。不是我们“选择”了意向立场，而是意向立场“选择”了我们，我们“不得不”采用这种立场，这是唯一能够揭开生物行为中隐藏的秘密的途径，“任何不用意向状态解释人类行为的科学家或思想家都将错过数据中真正的模式[①]。”我们可以看出，采用意向立场追踪意向模式的做法远远超出了工具主义的狭隘理解，工具主义者把意向状态及其构成的意向模式简单看作是有用工具的态度表明他们未能看到意向性和意向模式的实在性，以及意向性与意向模式存在的必然性，丹尼特在这个问题上与工具主义者有非常大的分歧，因此我们不应当给他贴上“工具主义者”的标签。这是丹尼特后期的一个转变，同时也体现出他对意向立场和意向模式的认识趋向深刻和成熟。

第三节　意向性的进化

在意向性的自然化工程中，丹尼特已经说明了意向性是什么，接下来要解

① Zawidzki T. Dennett. Oxford：Oneworld Publications，2007：145.

决的问题是意向性的产生。自然界原本是无意向性的，而现在我们的意向性的确真实地存在着（意向状态并不是幻觉）。那么这种心智现象是经历了怎样从无到有的过程呢？完全由物质成分组成的大脑如何能够获得各种意向状态？我们如何以科学的、自然的方式来解释意向性？丹尼特为此提供了一套基于意向立场策略的进化理论。他试图表明，人的意向性并不是塞尔所说的“原初意向性”（intrinsic intentionality），而是与其他生物甚至人造物一样的“派生意向性”（derived intentionality）；生物体的意向性都是在自然选择的进化过程中逐渐产生的；只要在正确的方式下观察和思考，我们可以满足于某些具有意向性的东西仅是由物质的东西构成的；或由物质的成分构成的东西，只要以正确的方式观察和思考，也可以具有意向性。用丹尼特的话说：“脑是一种创造物，它所获得的意向性来自其各部分所拥有的意向性，而这些部分的意向性又来自于它们作为更大系统的一部分而在这个更大系统的运作中扮演的角色；换句话说，就是从它们的创造者的意图得到意向性的。这个创造者不是别的，就是大自然，亦即人们所说的通过自然选择的进化过程[①]。”

一、原初意向性与派生意向性

丹尼特意向立场的运用虽然受到比较严格的合理性假设约束，即我们需要首先将对象系统看作一个理性行动者才能为其归属各种意向状态，但意向立场的适用范围是非常广泛的，即使是计算机这样的非生物体也可以被当做是一个理性行动者而成为意向系统。在丹尼特看来，只要能被合理地看作意向系统，该系统所具有的意向性就是真正的意向性，是因意向立场的成功运用而被承诺的实在。如此一来，具有意向性的系统就不只是人这样的高等动物，低等动物、植物甚至无生命的机器也可以具有意向性。虽然机器和低等生物不能像人一样反思、意识到它们的意向性，但它们的状态具有意向性的方式与人的状态具有意向性的方式是一样的[②]。即使我们不把下棋计算机的状态称为信念或愿望，这些状态仍然是关涉他物的意向状态。

丹尼特的这种观点一经提出就遭遇多方指责。前文中已经提到，以塞尔为代表的许多哲学家都认为意向性是与意识紧密联系在一起的。人可以对自己的信念或愿望进行反思、评价，并且根据这些意向状态做出各种行为。只有在有

---

① 丹尼尔·丹尼特.心灵种种：对意识的探索.罗军译.上海：上海科学技术出版社，2010：49.

② Dennett D C. Intentional Systems. The Journal of Philosophy，1971，68（4）：93-94.

意识的情况下人才能进行意向活动，因此意向状态是有意识的状态，意向性是在意识的基础上产生的。人的具有反思特征的意向性才是名副其实的意向性，也就是塞尔所谓的原初意向性。而图像、单词、符号、机器等人造物无疑也具有意向性，但它们的意向性是因创造它们的人而具有的，它们本身并不具有任何关涉性。人造物的意向性从人的原初意向性那里派生而来，它们的意向性是派生意向性。而像植物和非人动物，其行为虽然看似表现出一定的意向性特征，但实际上它们所具有的不是真正的意向性，因为它们不具有意识。我们为这些生物归属意向状态是一种拟人化的做法，即将它们看做是“好像”具有意向性，实际上它们的意向性只是一种似意向性（‘as if’ intentionality）。在塞尔看来，丹尼特根本没有对什么是真正的意向性，什么是非真正的意向性进行清楚的界定。原初意向性才是真正的意向性，是派生意向性的来源，也是似意向性模仿的对象。任何原初意向性都是似意向性不能达到的，似意向性不是意向性，其归属也不意味着系统中存在真正的意向状态。如果否认原初意向性与似意向性之间的区别，就会导致意向性的自由主义——任何事物都具有意向性①。

这里的关键问题不是塞尔对原初意向性与似意向性进行严格区分的标准如何（塞尔的标准是有意识才有意向性），而在于塞尔认为原初意向性与似意向性之间存在明显的界线②。丹尼特认为这是一种本质主义立场，它意味着意向性是内在的、固有的，其关涉性不依赖其他任何语境因素。如果人的意向性是原初的，则同一个意向对象所引起的人的意向状态应当是确定的。而事实上人的意向性存在“指涉隐蔽”（referential opacity）现象。在不同的环境中，对于同一个意向对象，人可以具有截然相反的意向状态，这表明意向性会随着语境的变化而变化。因此，丹尼特不能接受人的意向性是所谓的“原初意向性”。

实际上，在丹尼特看来，世界上根本不存在能够清楚地区分原初意向性与似意向性的界线，一切意向性都是在自然选择的进化过程中，由我们的设计者——大自然的神奇设计缔造的。换言之，包括人在内的一切生物的意向性都是从“自然之母”（Mother Nature）那里“派生”的。有些人认为用进化理论解释心智现象的做法严重损害了人的高贵与尊严，再加上进化理论本身也存在一些争议，使得这条研究进路饱受诟病。但丹尼特指出，虽然人的确是自然界中的神奇物种，具有其他生物无法获得的心智能力，但这些能力不是突然拥有的，是在漫长的进化过程中随着机体组织的发展一步步形成的，是在其非人祖先心

① 约翰·塞尔．心灵的再发现．王巍译．北京：中国人民大学出版社，2005：81.

② Elton M. Daniel Dennett：Reconciling Science and our Self-Conception. Cambridge：Polity，2003：45.

智能力的基础上积累、革新、创造而来的。那些低等生物体所具有的能力正是我们所具有能力的早期或低级形态。人心智的发展与机体组织的发展一样可以借助进化论来说明。将人放置于自然界的进化历史长河中，作为那些更加原始、更加简单的早期生命体的演化后代，这不但没有破坏人的独一无二性，相反，它能够更好地解释我们今天所具有的这些无与伦比的能力如何在大自然的优胜劣汰过程中演化而来。如果人类生物学祖先的意向性只是似意向性，那么由它们进化而来的我们的意向性又在哪种意义上称得上是原初意向性？我们要在哪里进行划分才能将人与其他生物的意向性进行区分？丹尼特的回答是，我们没有必要进行这样的划分，也不存在这样的划分。

二、意向性的演化史

如同生命一样，意向性经历了从无到有的过程。这样说的目的并不是想要表明有生命的地方才有意向性，更不意味着只有人才具有真正的意向性，其他生命形式的意向性都只是“似意向性”。我们需要理解的只是意向性的确是从一个本来不存在意向性的世界里产生的，因为这个世界最初十分简单，并不需要借助意向性来进行说明。意向性的演化史实际上是系统由简单到复杂的演变史，以及我们在面对世界上出现的越来越复杂的系统时，对其进行解释和预测的方式的演变史。也就是说，意向能力是随着系统的复杂性增加而增加的，意向性通过意向立场策略的运用而被辨别。

意向性是一种指向他物的关涉性（aboutness），具有意向性的系统都具备关涉它物或表征他物的能力。地球在诞生最初的十亿年时间里并不存在意向性，也没有什么系统具有意向能力。无论石头、沙粒还是大气中的化学元素，所有的物质都漫无目的地存在着，没有什么是它们需要关涉的东西，它们不需要关心任何其他的对象。这时的自然界只是一个单纯的物理系统，单纯到只需要采用物理立场就可以解释和预测。

大约在三十四亿年前，地球上出现了最早的生命形式——原核细胞[①]，它们漂浮在海洋里，靠摄取环境中的有机物维持新陈代谢和繁殖活动。原核细胞是最早的复制子（replicator）[②]，如果它们“想要”生存下去，首先必须具备识别

① 2006 年，英国《自然》杂志发表研究报告称，在澳大利亚西部发现一处形状怪异的土堆，系由三十四亿年前的微生物构成的化石。科学家们推断这可能是地球上最古老生命的化石，生命正是起源于澳西这个地方。

② 复制子是进化论中最基本的进化单位，指某种可以自我复制的结构。

“食物”的能力，这使得那些简单的小小个体开始“关心”环境中的其他存在物。当它们遇到可以充当能量来源的物质时，它们必须能够“认出”它，并且“抓住”它。当然，原核细胞并不能真正思考关于自己的生死问题，它甚至不能期望自己的生存或者死亡，它的生命结构只是一套设计好的程式，当它遇到合适的有机物时就会将它们吸收进来，转化为能量，排泄出废物，并且在适当的时候产生分裂或者说繁殖。

原核细胞虽然结构极其简单，但它们的出现对整个自然界来说意义重大。原核细胞能够关涉他物，能够意向理想的食物源，它们会倾向于靠近营养丰富且相对安全的环境，远离有害物质，它们的生命活动展现出高度的精巧性与合理性。尽管我们可以从设计立场，利用原核细胞的内部功能来解释它们的行动，或者如果不在乎花费较多的时间和精力，我们甚至可以从物理立场解释所发生的一切，但原核细胞的行动显然已经与石头或沙粒这些无生命物质的纯粹的物理运动有了根本性的区别。生命活动不再是漫无目的的，它们有发生的理由，有要实现的目标。原核细胞被设计地十分精致，它们展示出良好的能动性（agency），具备一定的理性行动能力（尽管这种能力相当有限），这使我们有充足的理由能够将原核细胞看作是一个个小的行动者（agent）或意向系统，从而在解释其生命活动时采用意向立场策略。

一旦将原核细胞看作意向系统，我们就能够辨别出这些简单的生命活动中那些不易为人们察觉的意向能力。原核细胞的意向能力虽然原始，但它是一切更高等、更复杂的意向能力的基础。不可否认我们的确是这些简单生命形式的直接后裔，在我们的身体里依然保留着这种古老意向能力的痕迹：尽管原核细胞只是没有细胞核的单细胞生物，但我们身体的更低层次的组成成分——细胞所具有的意向能力，即对各种营养物质的识别和吸收，却与原核细胞的典型代表——细菌有许多相似之处。或许我们很难相信原核细胞真的具有“信念”或“愿望”，因为它们太过于简单，它们的行动太单一化和程式化，我们中的大多数人会更乐于将它们古老的意向能力看做是某种“似意向性”。不过生物的进化旅程才刚刚开始，之后的三十多亿年间发生的进化故事和故事的主角们所展现出的意向能力和行为多样性将使解释和预测工作变得困难。

原核细胞在地球上存在了几亿年之后进化出了具有细胞核的真核细胞，之后生命形式变得多样起来，陆续产生了形态丰富的植物和动物。物种的生物学结构变得越来越复杂，生命活动也越来越多样。在解释这些复杂的生命系统时，我们会遇到很大的困难，因为物理立场和设计立场已经基本失效，我们不得不换个方式思考生物体的生命活动。例如，我们发现某些食草动物特别喜欢吃的植物为避免被吃光的厄运会产生某种毒素，食草动物吃过之后会出现中毒症状，它们会对这种植物产生畏惧。但经过一段时间后，食草动物又开始大量食用这种植物，因为它们的身体内产生了对该毒素的耐受性，而植物则会生成新的毒素或采用其他方法如长出针刺来进行防御。食草动物再次对新毒素产生耐受性，或者长出不怕针刺的坚硬盔甲。这一系列的生物活动很难用物理立场或设计立场来解释，但如果我们把这个故事中的主角们当做一个理性行动者，其行为是根据一组“信念”和“愿望”而作出的，那么食草动物与植物之间的博弈竞争就很容易得到解释。植物为什么要生毒素？因为它“想要”避免被食草动物吃掉，它“相信”毒素可以降低被吃的可能性。食草动物为什么能够再次食用这种植物？因为它们“相信”自己已经不再惧怕这种毒素了。

生物学家在研究生命活动时往往会不自觉地运用意向立场，但要使他们或其他人真正相信他们的那些研究对象具有名副其实的意向性却很不容易，他们只能接受意向立场策略带来的便利性，却不能将该策略下的意向性当做真正的意向性。丹尼特指出，之所以出现这种情况，是由于人类太容易犯两种沙文主义（chauvinism）①错误——时间沙文主义和空间沙文主义。由于进化历史中发生的演化故事通常需要百万年或千万年这样长的时间才能完成，因此以人类获取信息的速度来衡量这些故事时我们根本看不出其中的模式，这导致我们很容易忽略其中的意向性②。

试想当你在电视上看到花在三秒钟内开放或植物种子在五秒钟内破土而出时，你会忍不住感叹这些生命的生机勃勃与奋发向上，惊叹于种子对生存的坚定信念以及它想要钻出土壤的执著精神。但花的开放不是一瞬间就可以完成的，种子的发芽也不是一朝一夕之事。以这些事件发生的正常速度去观察和思考对人来说是一件痛苦的事情。如果进化发生得更加缓慢，则已经超出了人类生命所能承受的极限。一代人或几代人都看不到的变化，又怎么能被认为是有意向性的活动呢？但这只是个速率问题，人类局限于自己的时间尺度中，以自己的标准去衡量其他生物的活动，从而导致对其他生物的意向能力视而不见。空间沙文主义也是如此。需要借助显微镜才能观察到的微生物的活动在我们看来很难与意向活动联系在一起。在猫与蚊子哪个更具有心灵或智能的问题上，人们

① “沙文主义”原指极端的爱国主义或民族主义，也包括对自己团体的盲目崇拜和对其他团体的敌意。丹尼特用此术语表示人类习惯以自己的时空标准衡量自然事件特性的做法。这是人类沙文主义的一种形式，它将导致人类对其他时空尺度的无视甚至排斥。

② 丹尼尔·丹尼特．心灵种种：对意识的探索．罗军译．上海：上海科学技术出版社，2010：55.

会毫不犹豫地选择前者。但如果蚊子进化成鸽子那么大，情况会怎么样呢？

无论哪种沙文主义，都表明了人类对自身事件发生速度的偏爱，以及对与我们的事件频率不一致的那些情况的漠视。但如果有一群火星人，其大脑以高于我们大脑几千倍的速度运转，他们会不会觉得我们像蜗牛一样行动缓慢？他们会认为我们没有心灵吗？如果他们真的这样想就大错特错了。我们是有心灵的，只是我们心灵的信息处理速度对他们而言太慢了。同样，地球上的其他生命也是有心灵的，只是它们心灵的反应速度与我们不是一个数量级而已。因此，我们必须摆脱沙文主义对我们思维方式的禁锢，以崇敬的心理去看待其他生物的智能和心灵。当我们用意向立场来解释这些生物的生命活动时，我们就能看到它们真正的行为模式以及它们所拥有的真正的意向能力。如果我们不采用意向立场，就会错过生命活动的“实在的模式”。任何可以用意向立场来解释和预测的意向系统所拥有的意向性都是“实在的”，无论构成该意向系统的成分或组织是什么材料，也不在乎该系统有多么简单。

人的意向性与其他生物意向性的区别只在于人可以反思自己行为的目的，反思自己的行动过程，为生命活动提出各种合理的理由。其他生物虽然也有行动理由，但它们不能反思这些理由，不能思考自己为什么这样做。“在几十亿年里，只有理由而没有理由创制者，没有理由表征者，甚至没有在严格意义上的理由赏识者[①]。”生命活动只是默默地遵照大自然的设计有序地进行，丹尼特将这种无形中支配生物体行动，却不能被生物个体所察觉的理由称为“自由漂浮原理”（free-floating rationale）。除了人类，无论哪种生物形式都在依照自由漂浮原理提供的理由行事，自由漂浮原理解释了哪些生物设计得以在竞争中获胜，这些生物又进化出怎样的行为倾向和模式。人类能够赏识理由、辨别自己的意向状态并不意味着人的意向性是真正的意向性，而其他意向性只是拙劣的模仿物。没有那些更简单、更原始的意向能力，没有我们生物学祖先为我们奠定的组织与神经结构基础，我们的意向能力从何而来？我们不是卓越的创造者，而是优秀的继承者和改进者。意向立场策略使我们认识到除人类意向性之外的更加早期的意向能力，那些看似纯粹机械的简单生物学运动，以及它们的复杂后裔的生命活动，放在意向立场中就可以展现出与人类行为一样的“意向模式”。自然界的意向性是存在的，只要我们以适当的方式观察，我们就能够辨别它。

---

① 丹尼尔·丹尼特．心灵种种：对意识的探索．罗军译．上海：上海科学技术出版社，2010：54. 注：该译著将原著中的 reason 译为“原因”，有些不妥。在丹尼特的著作中有对 reason 和 cause 的区别，cause 用来描述事件或状态发生的直接决定因素或近端解释，通常被译为“原因”；reason 则被译为“理由”，因此作者在此处将译著中的“原因”改为“理由。”

三、意向性的小人功能主义阐释

尽管生物体能够展现出似乎是根据信念和愿望所进行的活动，将生物体看作具有意向状态的意向系统也算得上是一个好的解释策略，但这仍然没有摆脱似意向性问题的困扰。要想达到自然化意向性的最终目的，我们还必须说明从意向立场辨别的意向性如何与从设计立场看到的设计功能和物理立场看到的机械运动联系起来。丹尼特解决此问题的基本思路是："说明一个看起来具有奇迹般能力的智能意向系统的方式是把它分解为一个有等级结构的队列，由越来越愚鲁的意向系统组成，最后在一个愚鲁的机械组织中卸去了一切智能[①]。"这是一个有限的回退过程，它不会令我们陷入无穷回退（infinite regress）的尴尬境地，利康（William. Lycan）将这种观点命名为"小人功能主义"（homuncular functionalism）。

当我们对一个系统采用意向立场进行解释和预测时，我们实际上已经将其看作一个理性行动者，一个拥有意向能力的意向系统。但我们并没有说明该系统如何具有这种意向能力，我们只是假定这种能力存在，并以此为基础解释和预测系统的行为。此时我们就好比进行了智能贷款（a loan of intelligence）[②]。像我贷款买房一样，在开发商看来我的确具备了买房的能力，但这其中的一大部房款是从银行借来的。我住上了房子，但我接下来还必须偿还这些贷款。意向立场的运用与此类似。先假定系统具有意向性，不过这种能力实际上是我们从别处借来的。在我们从意向立场获得了我们想要和可以获知的东西之后，意向立场的使命就已经完成了。接下来我们必须着手意向立场留下的一个未完结的工作：智能贷款的来源即意向能力的形成机制。丹尼特指出，虽然我们解释和预测系统行为的工作可以停留在意向立场层面，但我们还有必要进一步解释该系统的意向形成机制，我们得设法偿还这些智能贷款，以使意向性建立在一个牢固的自然基础上，这是意向性自然化的关键。

笛卡儿式二元论对于人如何具有意向性和意向行为的解释是求助于一个精神实体——自我。这个自我是大脑当中的一个"小人"，拥有决断权，能够发号施令，控制身体进行各种行为活动。但如果我们继续追问："小人"的意向性从何而来？难道是"小人"中的"小人"？这个问题相当棘手，因为我们将面临

---

① 丹尼尔·丹尼特.我的哲学研究综述.// 欧阳康.当代英美著名哲学家学术自述.北京：人民出版社，2005：108.

② Dennett D C. Brainstorm：Philosophical Essays on Mind and Psychology. Cambridge：The MIT Press，1978：12.

无穷回退的困境。“小人”的存在并不能解决意向性的产生问题，它只是将问题拖延了。

不过我们可以换个角度思考关于“小人”的问题。设想一台下棋计算机的产生过程。最初程序员希望建造一台能够像人一样从事下棋活动的计算机，它“了解”所有的下棋规则，“知道”自己在什么情境下出什么棋招，“希望”在比赛中赢得胜利等等。程序员从意向立场对下棋计算机应该具有的能力和能够完成的任务进行了描述。此时程序员已经将下棋计算机看成一个意向系统，它拥有自己的意向状态，并据此合理地做出各种意向行为。之后程序员就不能只停留在意向立场了，他必须为下棋计算机的各种意向行为的实现寻找合适的“算法”（algorithm）。算法是计算机程序的核心，任何想要通过计算机来完成的任务都必须借助适当的算法才能实现。有了算法，我们就可以将任务转换为程序。此时，我们已经离开了意向立场，进入了设计立场，所有的程序都是实现计算机的意向工作的设计基础。但程序还不是终点，我们需要能够执行那些程序的物理机器。于是我们从设计立场下降到了物理立场，来寻找实现程序运行任务的物理方法。

这是科技产品出现的常见模式。从下往上看，物理层面的东西实现了设计层面的功能，设计功能又进一步实现了可以借助意向立场进行解释的意向系统。如果我们仅从意向立场观察，下棋计算机就像是由一个具有智能的“小人”在控制一样，每一步棋都恰到好处。而实际上，完成那些意向工作的“小人”只是一组适当设计的程序，它们中的每一个都分别处理相对简单的任务，有的负责识别对手的棋招，有的负责在自己的棋路库里寻找最佳的应对方案，有的负责移动虚拟的棋子等。这些相对独立的子程序只能解决有限的问题，因此它们只具有部分能力。我们可以把这些具有有限功能的子程序看做是更小的“小人”，与意向立场的“小人”相比它们不是那么的“智能”。

每个设计立场的“小人”的工作又可以分解为更简单、更基本的任务，就像一个程序又可以由许多更小的程序构成一样。分配给这些小程序的工作更少，它们的功能更有限，智能性也更差，不过它们还是可以完成某些具体的任务。这样的分解过程可以一直持续下去，直到最简单的可以由计算机的物理过程来完成的任务出现。这时我们已经不再需要程序或功能这样的概念了，这个层面上发生的事情是完全没有智能的。这些物理立场中的“小人”，或者说“迷你小人”（mini-homuncular）的工作已经完全可以由机械的、傻乎乎的物理状态来完成[1]。于是“小人”就可以被机械成分替换掉。

经过这样一个立场过渡过程，物理层面上没有任何意向性的简单机械装置，以适当的方式组织在一起，最终产生了能够具备意向状态的复杂意向系统。智能“小人”的意向性“智能贷款”被偿还清了。这个三阶段的发展过程是非常具有启发性的。我们可以借计算机类比来思考一下人的意向性的生成过程。

人在进行信息处理时表现出相当高级的智能能力，可以理性地进行各种活动，合理地完成各种任务。我们对人采用意向立场、为人归属意向状态是一件顺理成章的事情。那么这些智能的意向性工作是由谁来负责的呢？我们不妨暂且将大脑看成是这些工作的承担者，一个能够意向各种信息的“小人”。此时大脑的意向能力就像下棋计算机的意向能力一样是我们预设的。我们在将信念和愿望等意向状态归属于人的同时已经欠了一笔智能债。

接下来我们得寻找还债的方法。大脑看似一个整体系统，实际上也像计算机程序那样是由许多子系统构成的。大脑中有许多分区，不同部位的主要职责各不相同。当然，与机器脑不同的地方是大脑中的这些分区不是绝对的，计算机中的一个特定功能程序一旦出现了障碍，属于这部分的工作将难以完成。但大脑具有一定的自我修复能力，在某个区域出现问题后，有些工作可以由其他区域来完成。不过这种修复能力是有限的，如果大脑的某个部位损伤过于严重，或其工作找不到合适的替代者来接替，那么人就会丧失一定的功能。在临床医学上，这种病例是非常多的，比如失忆症、失语症之类。大脑的整体性工作实际上是由这些相对独立又紧密联系的构成部分共同合作完成的。

如果大脑是“小人”，那么这些负责更加具体的工作的部分就是更小的“小人”。它们中的每一部分都只能从事有限的工作。有的大脑区域负责识别颜色，有的负责声音、有的负责语言、有的则与运动神经相连。各个区域只需要关心自己应当完成的任务，其他的事情则不用过问。但它们又不是彼此隔离的，它们之间存在千丝万缕的联系。它们以这样或那样的方式组织起来，相互协作，使得大脑能够表现出一个意向系统应具备的特质。大脑区域显然不具备大脑的智能性，它们比大脑要“傻”，但却是大脑“聪明”的来源。

大脑各种区域所具有的意向性又以同样的方式由更基本的构成部分的意向性来实现。我们就这样一直分解下去，从组织到细胞到蛋白质，直到最终发现最底层的“工作人员”其实只是各种氨基酸、电化学信号甚至只是各种生物化

---

① Elton M. Daniel Dennett：Reconciling Science and our Self-Conception. Cambridge：Polity，2003：41.

学成分。这些构成身体组织的最基本成分只是一些遵循基本机械定律的“小机器”，以最“盲目”、最“无知”的方式经营着自己的“事业”，完成着自己的任务。它们中的每一个都如此“无知”，不会反思自己的行为（红细胞不会反问我为什么要携带氧气，它只是那样做）。但是它们的工作却如此精细而有条不紊，一步步构建比自身功能更强大的组织，直至一个意向系统形成。在从意向立场下降到物理立场的过程中，智能贷款一点点儿被偿还，物理成分和物理过程的出现则标志着所有的贷款都还清了。

丹尼特指出，我们可以根据“小人”的能力来解释包括意向性在内的各种智能现象，不过我们需要的不是笛卡儿式的和人拥有相同智能水平的“小人”，笛卡儿将人具有的能力归属于人的身体的一部分——大脑，将大脑看作一个内部的“小人”，这是犯了“范畴错误”。我们借助“小人”，“只要所有的‘小人’都不如被解释的系统那般智能[①]。”也就是说，我们通过转换解释立场来寻找构筑最智能“小人”的组织结构，以及构筑这些组织结构的物理成分。无论组织结构还是物理成分，其智能性都是有限的，只有它们的协作才能产生更大的功能性。“只要被解释的能力是以某种方式从只具有有限能力的多种组织部分的合作行为中产生的，那么智能贷款就被偿还了[②]。”这是一项连续的解释工作，在认知科学及其他探索人类心智现象的学科中，我们应当通过对人以及各种相对复杂的系统采取三种立场的策略并形成一个连续的解释链条，来达到我们对心智的自然化理解。

生命的进化历史表明，最初的、最原始的复制子并不具有真正意义上的心灵，它们是纯粹的“机器人”，其复制活动完全可以采用物理立场进行解释和预测。我们可以想象身体里DNA链的复制过程，完全是一种“傻乎乎”的、程式化的机械操作过程，没有任何神秘成分参与其中。然而正是这些毫无智能能力的小分子机械或“小人”一步步演化出了多样的细胞结构，并建构起更加复杂的、具有更多功能特性的组织或系统，以至于我们的物理立场不再能有效地解释它们的工作。我们不得不转换策略，改用功能或设计（即目的）来说明这些系统的行为，就像，我们从心脏的跳动功能——供血来解释它更能把握心脏之为心脏的实质。这时的组织结构已具有了更多的关涉性和更复杂的行为过程，其意向智能能力也达到了更高水平。当生命活动所展示出的丰富性和多样性无

---

① Dennett D C. Brainstorm：Philosophical Essays on Mind and Psychology. Cambridge：The MIT Press，1978：122.

② Zawidzki T. Dennett. Oxford：Oneworld Publications，2007：42.

法借助单纯的设计功能来解释时，意向立场就进入了我们的视野。当我们不得不采用这种最高层次的立场来进行解释工作时，认为意向系统具有真正的意向性就是合理的，它们的意向能力是真正的意向能力。意向系统由非意向系统进化而来是完全可能的，这个符合进化史时间顺序的演化过程就是意向性的产生过程。

第四节 小 结

意向性的自然化是丹尼特自然主义心智理论的第一个重要部分，也是其他心智现象自然化的基础。对丹尼特而言，我们既不能轻易否认意向状态的实在性，也不能将意向性看做一种实体结构。意向性的实在性显然不同于细胞或病毒的实在性，但这种心智现象也并非幻觉。我们不能像物理主义者那样认为世界只有一个层次的实在性——即物理实在性，自然界的实在性是分层的，通过采用不同的视角，我们可以看到不同的实在。

丹尼特的三种解释策略——物理立场、设计立场和意向立场，正是我们看待世界的三种不同角度。物理立场可以解释那些简单的、纯粹的物理运动或物理过程；设计立场则处理具有功能性或设计目的的复杂系统的行为；意向立场所适用的系统结构更加多样，功能更加强大、行为过程也更加复杂，这些系统展现出更高的智能性，它们依靠自身的意向状态进行活动。对于这样的系统，如果我们只将其作为物理系统或设计系统，将会错过其行为中隐藏的“实在的模式”，我们将无法把握它们那看似无序的行动序列所展示出的规律性和倾向性，这些内嵌在其行为中的倾向性是个体为达到生存目的而在长期的进化过程中形成和固定下来的，是它们历经自然选择的竞争过程，最终得以保留的生存能力的体现。

我们并不能在适用于物理立场的系统和适用于设计立场以及意向立场的系统之间划定明确的界限，因为的确存在一些系统，既可以采用意向立场，也可以采用设计立场甚至是物理立场去解释，只是所付出的代价不同，或者解释者的侧重点不同。但意向系统的进化就是这样一个渐进过程，从不具有意向性的世界里产生，最终达到高等的意向状态，中间存在许多过渡阶段，它们处于不同策略的交叉地带。我们究竟在哪个层次上成为完全没有意向能力的系统或个体？这在丹尼特看来是一个应当悬置的问题，因为“我们在最高水平上指派意向性的保证并不依赖于我们能够识别最低水平的实在的意向性[①]。”我们不应该问那个具有真正的意向能力的人是从进化史上的哪一点出现的，我们只要明白一点，意向立场能够使我们在认识复杂系统时获得的东西更多，该系统的意向能力就更强。

① 丹尼尔·丹尼特．我的哲学研究综述．// 欧阳康．当代英美著名哲学家学术自述．北京：人民出版社，2005：109.

第四章

意识的自然化

在完成意向性的自然化工作之后，丹尼特的下一个目标就是解释神秘的意识现象。意识问题是心灵哲学和认知科学中的最大难题。自近代科学体系建立以来，我们对外部世界的认识已经取得了巨大的进展，但对于意识这种发生于我们自身之上的现象却知之甚少。长期以来，人们一直被意识的本质究竟如何这个问题所困扰，这一方面由于现有的技术手段还未能提供研究意识现象的有效方法，另一方面更是源于人们赋予这种神秘现象的那些更加神秘的性质阻碍了我们以科学的方法探索意识的进程。换句话说，在一些人看来，意识经验的固有属性决定了它是属于精神领域的现象，无法通过自然科学的术语加以解释，更不可能被纳入自然科学的框架之内，意识永远处于科学研究的范围之外。内格尔的著名的“做只蝙蝠的样子”论证正是明确表达了这种思想观念。

一般说来，意识经验具有以下几个主要特征：

（1）主体性（subjectivity）。每个意识经验都是某个主体的意识经验，都属于一个拥有它的主体，主体能够清楚认识到他所意识到的内容，主体对他的意识经验不会出错；

（2）私有性（privacy）。主体对于自己的内心世界具有特许访问的权力，任何意识经验都能直接为主体所把握，并且只能被主体本身所把握。任何人都只能把握自己的意识经验而无法直接通达他人的意识状态。我们只能通过其他方式了解别人的内心世界，如语言、表情、动作等，但我们自己的内心世界是不需要借助其他方法就可以了解的；

（3）感受性（qualia）。意识经验具有感受性或感质（feel quality），它是人们在经历意识经验时的那种独一无二的主观体验。感质是内在的、固有的，不需要与其他经验发生联系，它也可以在每个独立的感觉经验本身当中被找到；

（4）不可言说性（ineffability）。意识经验往往很难用语言来表达，任何言语可能都不足以刻画你看到波澜壮阔的大海时那种激动的心情，你也无法向一位盲人描述看到红色的感觉。

意识现象的这些特征使得意识看似更加神秘。丹尼特指出，意识作为一种存在于自然界的人类所具有的自然现象，不应当与其他自然现象区别对待，我们应当给予意识一个科学合理的解释，而不是面对困难退缩不前。把意识置于科学研究范围之外的做法不符合当代科学发展和人类探索自然的基本精神。事实上，如果我们对环绕在意识现象周围的那些概念、特征及理论进行仔细地梳理分析，就会发现意识的神秘完全是人为造成的，是人们不合理解释的结果。人们赋予意识的种种特征和对意识形成机制的臆测，为意识披上了神秘的外衣，把意识现象包装成一种关乎人类的尊严与地位的精神现象。要对意识现象进行科学的、自然化的解释，就必须将意识外围的包裹物层层剥离，最终既保留体现意识现象最核心的部分，又除去那些不能被自然化的成分，达到对意识的自然化解释。

第一节　对笛卡儿意识理论的批判

丹尼特的意识自然化工作首先从批判笛卡儿的意识模型开始。笛卡儿是历史上第一位认真严肃地思考身心问题并给出解释的哲学家，其思考心脑关系的方式对后来的心灵问题研究者们有着深远的影响，尤其是他的意识理论，即使在二元论失势之后仍然以“笛卡儿式唯物论”（Cartesian materialism）的新形式活跃着[①]。丹尼特认为，笛卡儿的意识理论及其当代形式“是一种最顽固的坏想法，一直困扰着我们……它会不断出现，每每换上新的伪装，也有各种各样强大的理由[②]。”但这种意识理论具有根本性的错误，任何坚持这种笛卡儿式解释的哲学家和认知科学家都会在解释意识现象的道路上举步维艰。要正确理解意

① O'Brien G, Opie J . A Defense of Cartesian Materialism. Philosophy and Phenomenological Research, 1999, 59, 4: 939.

② 丹尼尔·丹尼特 . 意识的解释 . 苏德超，李涤非，陈虎平，译 . 北京：北京理工大学出版社，2008：122.

识，我们必须首先摆脱笛卡儿式思维模式对我们的束缚，另辟蹊径。丹尼特在探讨意识现象的代表作——《意识的解释》一书中给自己设置的第一项主要任务就是对笛卡儿的意识模型进行彻底地批判。

一、意识的“笛卡儿剧场”模型

为什么丹尼特认为笛卡儿的意识模型对我们解释意识百害而无一利？这还得从笛卡儿模型本身的特征谈起。当我们观察外部事物时，我们会对观察者与被观察物进行区分，被观察物独立于观察者并“呈现”（present）在观察者面前。当观察者用眼睛“看到”（see）呈现物时，我们就获得了视觉信息。换句话说，我们有视觉经验是因为我们“看到”了被观察物。笛卡儿对意识的解释效仿了观察者与观察物之间的这种关系。他认为，在我们的大脑中也存在一个观察者和一个被观察物，观察者是一个内心之眼（inner eye），被观察物则是由各种感觉器官所收集到的信息。我们之所以会产生意识是由于内心之眼“看到”了感觉信息。

根据笛卡儿的理论，意识是这样产生的：我们的心灵或大脑中存在一个场所，它就像一个剧场中的舞台或是一个屏幕。我们从体表的感觉器官获得的信息，依照进入大脑的时间顺序排列在一起，形成一条平滑而单一的信息流。一个信息就像一个演员，它们依次在舞台或屏幕中进行表演。信息演员所有的表演内容都“呈现”在剧场里唯一的一位观众——内心之眼面前。对于进入大脑的那些信息来说，剧场是一个极其重要的地方，因为那里是所有信息最终的汇集地，是它们得以成为有意识的经验之地，它们进入剧场的时刻就是成为意识经验的时刻。信息演员登上剧场的舞台标志着对以该信息为内容的意识的产生。剧场里的观众即那个内心之眼不仅是一个观察者，同时也是一个审视者，它会对这些演员的表演进行鉴赏、判断。此外它还是一个裁决者和指挥者，根据判断的结果作出相关的决定，进而向身体发出指令，指导身体进行各种活动。按照笛卡儿的观点，这个内心之眼实际上就是一个“心灵之眼”（mind’s eye），一个灵魂珠（soul pearl），是那个能够驱动身体的精神实体——“自我”（ego 或 self），是拥有人所拥有的全部能力的一个真正的“小人”（homunculus）。

由于笛卡儿的意识模型把感官信息汇集及自我存在的地方看作一个类似剧场的场所，丹尼特形象地称其为“笛卡儿剧场”（the Cartesian Theater）模型。“笛卡儿剧场”意识理论有以下几个主要特征：

（1）“呈现论”。意识是某种“呈现过程”（presentation process）。在意识的形成中，始终存在一个审视感觉信息的自我，感觉信息在舞台或屏幕上呈现给自我。信息在剧场舞台上的呈现方式与外界事物呈现给我们的方式是类似的，不同之处在于我们是用眼睛在看，而自我是用心灵之眼在看。

（2）“再现论”。能够呈现给自我的内容，也是自我“看到”的内容，不是关于外部事物（被观察物）各种属性的无序零散的信息片断，而是由这些信息汇集而成的对该事物完整形象的复制品。或者说，自我看到的就是一个外部事物的内部再现（representation）①，是一个实在的表象（real seemings）②。

（3）“时空坐标论”。意识内容呈现的地方是大脑内部的一个场所，这里既是意识经验的发端之处，也是自我所在的地方（笛卡儿认为意识发生的场所是松果腺），这表明意识具有空间坐标；信息在进入剧场的那一刻成为有意识的，且更早进入大脑的信息也将更早被意识到，这表明意识具有时间坐标。因此如果“笛卡儿剧场”模型是正确的，我们应该能够精准确定意识发生的时空坐标。

（4）“主体权威论”。在笛卡儿的意识理论中，主体对自己所具有的意识经验拥有绝对权威。主体不仅享有通向意识的“特许通道”（privileged access），还对意识的呈现方式和产生过程拥有权威理论。如果主体声称意识经验是这样的，那么在他看来意识必定是这样的无疑；如果主体声称意识是如此产生的，那么意识就是这样产生的。也就是说，主体对意识的内容和意识的产生机制都具有权威性。

上述四个特征中，前三个涉及本体论，第四个涉及认识论。本节主要讨论丹尼特对三个本体论特征的批判，有关认识论特征的问题将在下一节进行阐述。将笛卡儿意识理论的以上四方面特征结合起来看，意识就是在某个时间、在大脑的某个位置对外界事物进行的内部再现，意识是一种实在的表象。呈现、再现、实在的表象、主体权威性、时空坐标以及本质主义，这些都是刻画笛卡儿意识模型的关键概念，从丹尼特对这些特征的批判可以看出，貌似合理的笛卡儿意识模型实则漏洞百出，具有严重的误导性。不仅是“笛卡儿剧场”模型本身，其当代形式——笛卡儿式唯物论也存在相似的问题。相较于旧理论，新理论虽然加入了类似神经生理学的全新描述，但与笛卡儿模型在本质上是相同的。

---

① representation 可以译为“表征”或“再现。”作者在此译为“再现”，用以强调外部事物形象在内部大脑中再一次完整的呈现过程。

② 丹尼特用 seemings 一词描绘事物在我们大脑中再现时的样子，以便与事物在真实时空中所是的样子相区别，它表达了事物在我们看来是怎样的（it seems to us…）。作者认为 seemings 与 image 所表达的含义一样，故将其译为“表象。”

正是由于这些笛卡儿式思维方式长期干扰着我们，才使得丹尼特决定对这种解释进行彻底的批判，他要帮助我们彻底摆脱笛卡儿束缚。

二、对“笛卡儿剧场”模型的批判

丹尼特认为，我们对意识的了解迟迟未能取得突破性进展，与笛卡儿意识模型对我们思维方式的影响乃至束缚密切相关。笛卡儿式理论一直主张在大脑中存在一条意识的终点线，无论这个界限是存在于松果腺中，还是存在于某种神经介质中，都表明意识具有某种本质属性。本质主义思维方式一直在激励着部分研究者努力找到意识的发源地，而这恰恰是最大的认识误区。意识也许从来都不是某种本质主义的存在，笛卡儿从一开始就将我们引入歧途。如果我们想要在意识研究的道路上取得突破，那么我们有必要重新考虑意识的研究方向。

事实证明，剧场模型的确困难重重。该理论看似很切合我们对意识现象的直觉理解，实际却对许多现象都不能给予令人满意的说明。笛卡儿对意识的解释与现代神经科学和脑科学的研究成果也产生了巨大的矛盾。回顾剧场模型的那些特征，每一个都将意识描述得神秘莫测：无所不能的“自我”、完整的再现和表象、精致的剧场、主体的特许通道和确切的时空坐标，这些概念不仅没能解释意识，反而把它变得更加难以捉摸。如果我们用“小人”来说明意识能力，那“小人”的能力又将如何得以说明呢？我们面临着无穷回退的危险。

1. 对“呈现论”的批判

意识的“笛卡儿剧场”模型将意识看做是感觉信息在自我面前的“呈现”。所有的视觉信息都将“呈现”在剧场舞台上，接受心灵之眼的审视。当我看埃菲尔铁塔时，一个铁塔形象就“呈现”在我的大脑中，当我看红苹果时，一个红苹果的形象就“呈现”在我的大脑中，我的心灵之眼看到的就是这些“呈现”。信息一旦“呈现”，我就可以意识到它。换句话说，“呈现”标志着意识的发端，“呈现”等于意识。

我们可以把“呈现论”的要点归结为三方面：一是存在一个审视“呈现”的自我，所有的感觉信息最终都汇集到自我所在的地方接受审视；二是“呈现”的内容是完整的“再现”形象，而非各种信息片断；三是“呈现”标志着意识的发生。第一个要点体现着笛卡儿的实体二元论精神。对它的批判已经足够多，这里无需赘述。第二个要点与“再现论”特征紧密相连，我们将在下一节讨论该问题。本节将主要对“呈现”论的第三个要点进行批判。

“呈现”真的标志着意识的产生吗？“呈现”的内容确实是意识的内容吗？让我们先来考虑一种日常生活中很常见的场景。几个孩子在玩“藏针”（Hide the Thimble）游戏，游戏其实很简单：先向孩子们展示要藏的针的样式，然后一个孩子留在房间里藏针，其余的孩子离开房间。针可以放在房间里孩子们能够看到的任何地方，但必须摆在明面上，不允许故意将针遮掩起来。要想将针藏得不那么容易被发现，藏针者需要借助其他物品使针与周围环境完美地融为一体。接下来孩子们开始在房间里找针。很多时候孩子们需要很仔细地寻找才能发现针的所在，而找到针的孩子会发现有些同伴其实正在盯着针所在的地方，但却没有“意识到”针就在那儿，即使他来回找了好几遍，也没能发现针在哪里。

明明就在眼前的东西我却没有意识到它，这是一种我们再熟悉不过的场景，想想谁没有遇到过类似的情况？我们有时会开玩笑说“它都看见你了，你还没看见它”。这说明呈现在我们眼前的东西我们也可以没有“意识到”。这种常见的现象点明了“笛卡儿剧场”模型的一些不合理之处。根据剧场模型，如果我们的意识经验是信息的“呈现”，那么我在盯着针所在之处的时候，针的反射光线显然已经刺激了我的视网膜，关于针的信息最终将到达意识剧场接受检验，针的形象也必将“呈现”在意识剧场中。应该说我已经“看到”针了，针的形象已经“呈现”在自我面前了，它理当成为有意识的经验，但我为什么可能只意识到了针周围的物品却唯独没有意识到针呢？难道我应该说，自我在观看表演时走神了吗？否则它为什么明明鉴别出了针却没有指示我的身体做出拿到针的行为？

鉴于“自我”在笛卡儿理论中的特殊地位，我们忽略“自我走神了”这种解释。笛卡儿主义者可能会说，“呈现”在自我面前的信息不是所有来自视网膜的信息，有些信息没有到达意识剧场。这种可能性确实存在。事实上，当视网膜接收到来自物体的反射光线时，携带物体信息的神经脉冲信号首先会进入中枢神经系统的脊髓部分，但这些信号接下来有可能进一步进入大脑皮层，也有可能在脊髓处就中止了。这表明不是所有视野范围内的信息都能在大脑中“呈现”。因此，携带针的信息的视觉信号未必曾经到达过大脑，更别说成为有意识的经验。这意味着信息在被“自我”鉴别之前已经被大脑或其他信息处理器鉴别过了，发送至“自我”的信息本身是经过筛选的。如果是这样，那么那个至高无上的“自我”岂不是成了多余的东西？大脑或其他神经结构可以对信息进行处理，我们又何必假设一个“二次处理者”？无论如何作为一个审视者、一个决策者的“自我”都没有存在的必要。

我们应当考虑其他的可能性。假设针的信息的确进入了大脑皮层，但它没有引起形状识别神经元的激活，或者被其他激活的神经元所抑制，那么这些信息就不能帮助你从背景中辨别出针。也就是说，“来自物体的反射光线进入你的眼睛，仅仅这样大概不够，反射的光线还必须有什么进一步的效果，你的大脑还必须对它做出某种进一步的注意，才可以使对象从只得到无意识反应的行列，过渡到有意识的经验背景之中[①]。”这就是为什么我明明盯着针所在的地方，却没有发现针。关于针的视觉信号没有能够引起我的进一步注意，我没有把这些视觉信号辨别为针的形象，因此我没有意识到针。既使我们把“呈现”更宽泛地理解为信息在大脑中被处理，也不足以说明意识的发生。信息的“呈现”与意识的产生之间没有必然联系。

不仅如此，你意识到的内容也未必是“呈现”的内容。世界著名魔术大师大卫·科波菲尔有一场轰动全球的魔术表演“电锯惊魂”：观众看到大卫躺在一个操作台上，手脚都被固定住，这时上方悬挂的电锯启动并缓缓落下，将大卫从中间拦腰斩断。助手将大卫的两截身躯彼此分离，大卫向大家招手，现场观众一片惊呼。这怎么可能？我们明明看到大卫躺在了操作台上。事实上，当观众看到大卫躺在操作台上时，操作台两边的挡板挡住了观众的视线，实际上观众并没有真正看到大卫是怎么躺下的。大卫只将上半身趴在操作台上，腿从操作台上的暗道伸到了操作台下面。在操作台的后半部分有一个已经躺好的人，只将腿露在操作台上，身躯伸入下面的暗道中。当然，操作台是用布遮住的，观众不会注意到发生了什么。大卫“躺好”后助手将挡板放下，这样，观众看到的在操作台上的大卫实际上是大卫的上半身加上另一个人的下半身。而电锯恰好从中间截断，就给我们造成了大卫被“截断”的错觉。

我们所具有的大卫躺在操作台上的意识，不是完全由我们的视觉信息引起的，因为我们没有看到大卫如何躺下。但大脑自动调取了相关信息弥补了视觉经验的空白，形成了之后的意识。任何魔术表演都是在欺骗你的眼睛，准确地说，是你的意识。所以我们的意识和在我们大脑中“呈现”的信息之间不是等同的，“呈现”不是意识的标志。

---

① 丹尼尔·丹尼特．意识的解释．苏德超、李涤非、陈虎平，译．北京：北京理工大学出版社，2008：385.

2. 对“再现论”的批判

在笛卡儿意识理论中，意识经验不仅是一个“呈现”过程，而且“呈现”的内容是整个视野内的图景的“再现”（不是各种特征的零散的信息片断）。也就是说，真正“呈现”在剧场舞台上的是一个完整的复制形象。如果你看的是埃菲尔铁塔，呈现的就是埃菲尔铁塔的完整形象；如果你看的是一个红苹果，一个红苹果的形象就出现在你的大脑中。这种观点也容易引起人们的共鸣：苹果应当是完整“呈现”的，它的颜色、形状等信息都集中在了一起，我对苹果的视觉感受是平滑而流畅的。如果我的心灵之眼看到的不是整个苹果而是苹果的各种属性的信息片断，那我的视觉感受不可能如此流畅和令人愉悦。

丹尼特认为，意识经验能够在大脑中“再现”，这是笛卡儿意识理论的又一大错误。丹尼特借用了机器人沙克（Shakey）识别物体的例子来反驳“笛卡儿剧场”模型中的“再现论”。沙克是美国加利福尼亚州斯坦福研究所（Stanford Research Institute）的研究人员设计的一个精巧的机器人（准确地说，只是一个放在轮子上的盒子），它带有一台摄像机，摄像机就相当于一个电视眼。沙克能够通过这台摄像机“看出”一些经过精心上色的物体，包括盒子、棱锥等。从某种意义上说，沙克的确具有视觉经验。现在需要回答的问题是沙克是如何分辨它面前的物体的。

沙克的电视眼所传输的图像是由纯黑白像素组成的，根据每个像素的明暗程度，设计者将其进行编码，以 0 代表暗，1 代表亮。因此，整个画面实际上最终会被转换为一幅由 0 和 1 组成的像素图。有关物体形状的真正信息就是这幅像素图。要从这些数字所代表的明暗区域中辨认出一个物体的形状，沙克首先需要分辨出物体的边界。无论垂直边界、水平边界还是倾斜边界，代表明暗的数字 0 和 1 的排列方式都会呈现某种规律性和周期性。以一幅 100 像素 ×100 像素的图像中的垂直边界的出现为例，一个主要由 1 构成的序列一直到像素 n，跟着是主要由 0 构成的序列，接着又出现主要由 1 构成的序列一直到 $n+100$，之后又是主要由 0 构成的序列。每 100 个像素都是由一个主要由 1 构成的序列和一个主要由 0 构成的序列排列而成的。沙克可以根据数据的周期变化情况来分辨哪里是垂直边界、哪里是水平边界和倾斜边界，并将这些边界连接起来构成一幅线条画。需要注意的是，这里的意思不是说沙克真的在头脑中把边界连接起来而产生了一幅实际的线条画，这只是设计者方便描述所进行的一种隐喻，沙克不需要进行这样的连接工作。下一步，沙克可以借助自身的“线条语义学”

程序来确定线条所形成的顶点与哪种图形相匹配。完成了这些工作之后，沙克就识别出一个盒子或一个棱锥了。

如果沙克配备了发音系统，当它识别出一个盒子时，它会发出声音“这是一个盒子”，那么我们应该如何理解沙克所说的话呢？沙克真的“看到”了一个盒子吗？沙克看到的是一个和实际的盒子完全一致的复制盒子的“再现”吗？显然，沙克不可能看到任何“再现”，它识别盒子的整个过程都是机械的，它的“头脑”中不存在一个现实盒子的样子，它所处理的信息只是一连串的 0 和 1。我们该说这些 0 和 1 就是盒子吗？从某种意义上来说的确是的，在沙克的处理系统中，这些 0 和 1 的排列方式的确表征了盒子，但它绝不可能是那个现实中的盒子的完整再现。

我们可以设想，在视觉系统刚进化出来的时候，能够“看到”外部事物的生物体所获得的视觉图像应当是非常简单而粗略的，就像机器人沙克一样，至今还有许多相对高等的动物都不具有形成立体图像的能力。人的视觉系统虽然足够发达，以至于我们能够形成对象的三维形象，但这种视觉系统也是在那些最原始最低等的视觉系统上一步步发展起来的。当我们看盒子时，光线刺激视网膜后形成的神经脉冲信号本身就是对盒子信息进行的编码，这些编码在大脑中经过解码，最终形成了关于盒子的各种特征的信息。我们不会认为神经脉冲信号与我们观察到的盒子是相同的，我们也不需要在大脑中形成一个盒子的再现也能对盒子进行识别。沙克的故事使我们获得了视觉经验形成的另外一种可能性，也削弱了“笛卡儿剧场”模型的说服力。

3. 对“时空坐标论”的批判

“笛卡儿剧场”模型理论让我们相信意识的发生是具有时空坐标的，剧场是意识的发生地，而感觉经验进入剧场的时间就是意识发生的时间，我们可以准确标记出意识究竟何时何地产生。看似我们只需努力找出剧场的位置，就可以确定意识的发端，却不知在我们为这种看似光明的前景欢呼雀跃时，我们已经误入歧途。在丹尼特看来，笛卡儿的这种“时空坐标论”是其意识理论的第三个错误之处。

让我们考虑著名的颜色似动现象（color apparent motion）或称颜色 Φ 现象的实验。这个实验有一个有趣的版本特别引人注目：在一台视速仪上有两个位置分离且固定不变的点，第一个点是红色，第二个点是绿色。红点闪烁 150 毫秒，之后间隔 200 毫秒，绿点再闪烁 150 毫秒。请一些受试者来观察视速仪，并报告他们的观察结果。这时出人意料的事情发生了，受试者报告说看到红点在移动，并在通向第二个位置的过程中改变了颜色。在受试者看来，他们没有经验到分离的红点和绿点的闪烁，而是只看到移动的红点以及红点变成绿点。但如果我们没有经验到绿色，又怎么能报告说红点在运动途中变成了绿点？为什么不是变成了其他颜色？我们必定是已经获得关于绿色的信息之后才能产生红变绿的幻觉。那么原本不存在的红点运动和红点变色的经验究竟在何时，又是如何在我们的大脑中产生？

对于似动现象，我们可以有两个不同的解释版本。第一种丹尼特称之为"奥威尔式修改"（Orwellian revision）。受试者首先意识到了红点，之后他又意识到了绿点，并准确判断出这是两个颜色不同的分离的点。这时他对实际发生的事情具有的是正确的经验。但之后一个后经验过程（post-experiential process）在大脑里发生了，它修改了受试者之前关于红点和绿点的记忆。取而代之以红点向绿点移动，并在中途改变颜色的记忆。由于之前的正确记忆很快就被污染，没有留下任何痕迹，因此受试者只会报告说看到了移动的红点在改变颜色。在奥威尔式修改中，曾有那么一瞬间你的记忆是正确的，但是之后它被错误的记忆所取代。所以在奥威尔式假说中，受试被自己的记忆欺骗了。

另一种解释版本丹尼特称之为"斯大林式修改"（Stalinesque revision）。受试者首先接收到了红色信息，但在红色信息成为有意识的经验之前又接收到了绿色信息，这时，大脑对这些信息进行了修改，插入了红点移动和变色的信息。这个被编辑过的经验版本最终成为了意识的内容。所以，对信息的修改发生在前经验过程（pre-experiential process），你的记忆并没有欺骗你。

对比两种假说可以发现它们的差别："一个模型假定，在上行的、前经验的路上，发生了斯大林式的'填入'，另一个模型则假定，在下行的、后经验的路上，发生了奥威尔式的'记忆修改'①。"假设意识如笛卡儿式理论所认为的具有时空坐标，那么我们应该能够确定实际发生的是哪种情况，被修改的到底是记忆还是经验。丹尼特指出，我们不能完成这项工作。一方面，作为实际参与测试的受试者来说，他们自己的经验信息不能帮助他们辨别这两种解释之间的不同。从他们自己的主观感受方面来看，两种假说没有分别，受试者应该无法分辨错误生成的经验与直接记错的经验之间的差别。因此他们也无法获得任何有利证据来支持其中的某一种理论；另一方面，由于两套假说都能很好地说明幻

① 丹尼尔·丹尼特.意识的解释.苏德超，李涤非，陈虎平译.北京：北京理工大学出版社，2008：139.

觉内容是如何被固定到经验流中的，他们的解释力在外部观察者看来是相当的，仅凭受试者的报告无法确定意识经验的发生顺序和错误出现的确切时间，所以外部观察者也拿不出具有说服力的理由来赞成一个而反对另一个。

两种假说都能很好地解释颜色似动现象，这表明我们根本无法精确定位意识发生的时空坐标。丹尼特总结说，如果意识不具有时空坐标，那么笛卡儿式理论就是完全错误的，意识根本不是在某时某刻突然发生的事件，大脑中也不存在一条意识的“终点线”以使“所有在先的阶段和修改都是无意识或前意识的调整，而所有后续的内容修改则都是后经验记忆的污染[①]。”

三、“笛卡儿剧场”模型的根本错误——“本质论”

丹尼特对笛卡儿意识模型进行的批判表面上看是在反对笛卡儿式的意识产生机制，实际上更深层的目的在于指出意识的笛卡儿式研究进路更为根本性的错误——本质论（essentialism），这也被认为是笛卡儿理论所产生的后续影响的主要表现形式。

1. 关于意识的“本质论”错误

通过上面对“笛卡儿剧场”模型的“呈现论”“再现论”以及“时空坐标论”三个特征的分析，我们进一步发现了笛卡儿意识模型更深层次的错误——“本质论”：意识经验具有时空坐标，这表明大脑中存在一个明显的“界限”，一条意识的“终点线”（finish line），到达终点线的信息成为有意识的经验，没有到达终点线的信息则是无意识的（越过终点线之后的信息就成为记忆）。到达那条意识的“终点线”是意识的本质属性，感觉经验或者具有该属性（感觉经验是有意识的），或者不具有该属性（感觉经验是无意识的），在有意识与无意识之间不存在任何中间状态，它们之间永远隔着楚河汉界。

此外，笛卡儿模型中的意识还具有内在性，每个意识经验都是孤立的、自成一体的。每个感觉经验都可以单独成为意识经验，不需要与其他的经验发生联系。换句话说，信息因其本身所具有的内容或其内在本质而非它与其他信息的相互作用而成为意识。意识经验不是语境的、功能的，而是本质的存在。“笛卡儿剧场”模型的这两方面观点使其成为一种关于意识的本质主义理论。“本质

---

① 丹尼尔·丹尼特. 意识的解释. 苏德超，李涤非，陈虎平译. 北京：北京理工大学出版社，2008：143.

论”才是笛卡儿意识理论最根本的错误，也是所有笛卡儿式理论共同的错误。

丹尼特以当代神经科学和脑科学的研究成果为基础，对笛卡儿的本质主义意识模型进行了批判。他指出，“笛卡儿剧场”模型对意识形成过程的解释过于简单。事实上，现代神经科学和脑科学对大脑信息处理的说明要复杂得多，其中有许多与笛卡儿意识模型相冲突的地方很值得注意。首先，从体表感觉器官或体表神经输入的信息并不是直接进入大脑区域，而是首先进入中枢神经系统的脊髓部分。有些信息中止于脊髓，形成无意识的反射活动；有些信息在脊髓那里被存储、编辑之后经由感觉神经传送至丘脑，再由丘脑传送至大脑皮层的各个区域。这样，进入大脑的信息本身已经是经过脊髓加工的，并且分布在大脑中的各个相关区域，而不是一条单一的信息流。

其次，大脑反馈给脊髓的信息并不是单一的。大脑接收的新信息片断往往会激活存储在大脑其他部分的信息（如记忆、情绪），此外还可能产生一系列的生理反应（如激素水平的变化等）。大脑中高层次的认知功能还可能修改甚至阻碍来自体表的信息。这样，经过脊髓、丘脑、大脑皮层以及其他大脑组织的存储、提取、加工编辑甚至修改等一系列复杂的信息处理过程之后，最终成为有意识的经验的信息很可能和最初体表接受的信息有天壤之别。“这些编辑过程在不到一秒的时间内发生，在这一时间里，各种各样的增添、结合、校正与重写都会出现，次序各不相同。我们不能直接经验到什么发生在我们的视网膜上，什么发生在我们的耳朵里和我们的皮肤表面。我们实际经验到的，从效果上说，是许多诠释过程的产物，即许多编辑过程的产物①。”

这表明，意识经验是结合了多种信息来源的信息混合体，而并非由体表直接进入大脑的原始数据。大脑对感觉信息的处理是多层次的，并不存在一条“终点线”，以保证它们最终成为有意识的经验。而且，从生理学角度看，各种感觉信息所激活的神经元在大脑加工过程中可能因其他信息的进入而得到增强或减弱。被增强的信息有可能成为有意识的经验，但这不是因为它们具有某种内在的质性特征，因为意识经验并不具有在每个独立的感觉经验本身当中就可以找到的内在的质，而是因其在与其他的经验信息相互关联、相互结合的过程中对经验拥有者之后的行为或语言产生了最大的影响。每个单独的经验都必须依赖先前存在的经验以及后续的经验才能成为有意识的，意识只能以一种功能的、语境的方式实现，而不可能是一种本质主义的存在。在本章第二部分中，

① 丹尼尔·丹尼特．意识的解释．苏德超，李涤非，陈虎平译．北京：北京理工大学出版社，2008：127.

我们还将更加详细地介绍丹尼特的反本质主义心智理论的主要内容。

2. 关于“自我”的“本质论”错误

除了意识的“本质论”，笛卡儿所设定的意识经验的观察者——“自我”，也是一种本质主义式的存在。“自我”是一个精神实体，一个拥有最高决定权的裁决者，它是一个孤立的存在，独自承担着审视感觉信息和进行决策的工作。而且“自我”具有的认知能力与整个人所具有的认知能力一样，或者说人是因为有了“自我”才有了认知能力，否则人就只是一副空皮囊。“自我”伴随人的一生，每个“自我”主宰一个身体，每个身体为一个“自我”所主宰。

丹尼特认为，关于“自我”的这种本质主义解释与现代心理学和医学的临床经验不符。心理学和病理学的许多证据都表明，“自我”并不是人们通常所直觉的那样。首先，从时间上看，“自我”并不是从一个人出生之日起就一直存在，也不是在他生命存续期间一直持续着，“自我”的存在与生命的存在并不完全重合。刚出生的婴儿是没有自我意识的，他们只是潜在的而非真正的“自我”。进入昏迷状态的人和痴呆症患者，都是“自我”出现了障碍，因而也不具有真正的“自我”。其次，从空间上看，大多数人都只具有单一的人格或者“自我”。也就是说，一个“自我”占有一个身体。但是有些人会患有多重人格障碍（Multiple Personality Disorder），以至于在他的身体里会同时存在多个性格迥异的人格，即多个“自我”共享一个身体。丹尼特据此认为，把“自我”解释为一个具有强大能力的、名副其实的“小人”，不仅无益于说明“自我”，还会进一步将其神秘化，这与现代科学的精神相违背。

“一个自我不是任何古老的确定无疑的点（mathematical point），而是由无数的属性和诠释（包括自我属性和自我诠释）定义的一种抽象概念，这些属性和诠释构成了生命个体的传记体，而这个生命个体的叙事重心正是那个自我[①]。”“自我”不是一个孤立的实体，也不是一个发号施令者，它是一个功能概念，它的存在依赖于那些关于个体的叙事（narrative）的存在。换句话说，关于个体的方方面面的描述构成了一系列的叙事或故事，故事的内容决定着“自我”的内容，故事的延续决定着“自我”的延续，“自我”是一个叙事的“自我”。

在这种解释中，“叙事”是“自我”产生的一个关键因素，而叙事的形成得益于语言的使用。借助语言，我们不仅可以与他人交流，还可以与自己交

---

① 丹尼尔·丹尼特.意识的解释.苏德超，李涤非，陈虎平译.北京：北京理工大学出版社，2008：490.

流——自言自语，我们使用语言来描述自己的心理状态和情感，为自己的行为提供理由。我们因而获得了对自己的行为进行反思的能力，这种能力帮助我们实现了自我意识（self-consciousness）和自我控制（self-control）。我们开始意识到"我是谁""我的脾气和性格如何""我有什么信念和愿望""我应当或为什么要做这件事""我有哪些经历"等。当我们有意识地向别人和自己讲述这些关于我们自己的故事的时候，我们所使用的语言就编织成了一连串的叙事。随着我们不断地讲故事、不断地反思故事的内容，不断地在"自我"与他人之间进行区分和界定，不断为我们的行为提出合理的解释，关于我们的叙事或故事也变得越来越多、越来越复杂。这个时候，我们需要一个主角来作为故事内容的承载者，"自我"就这样被创造出来了。"这些叙事串或叙事流好像是从一个单一的源头流出来的……它们在任何听众身上产生的效果都是鼓励他们（试着）假定一个统一的行动者……简而言之就是，鼓励听众假定一个叙事重心……这个心理学的或叙事的自我是另一种抽象，它不是大脑中的一个东西，而是一个非常强大的、几乎可以摸到的性质吸引者，是关于未获申领的东西的任何项目和特征的'记录所有者'[①]。"所有这些故事都是属于"自我"的，所有这些特性都是"自我"的特性。"自我"是对所有混乱而复杂的生理、心理过程的简化。

"自我"就是在语言的习得和使用的前提下产生的，是关于人的各种叙事的副产品。婴儿之所以没有真正的"自我"，是因为他们还没有获得语言，还没有任何关于他们的叙事被编织出来。而多重人格障碍的问题则是，在一个身体里，存在截然不同的叙事，它们属于不同的"自我"。多重人格的可能性暗示着决定"我们是谁"的那些因素是发生在我们身上的故事所产生的效果。例如，你的家庭环境、教育经历、情感经历、社会交往以及你与生俱来的基因。多重人格障碍的受害者往往有过不幸的童年、苦难的生活、家庭暴力或类似这样的悲惨经历。在成长的过程中，童年形成的扭曲的人格与在道德、法律约束下塑造的正常人格会交替控制人的身体，导致出现人格分裂。因此，有什么样的叙事，就有什么样的"自我"，"自我"不是叙事的创造者，而是被创造者。"自我"只是这一系列叙事的代言人。

自我是一种理论虚构（theorist's fiction），一个'抽象物'，它不是与生俱来的自在的、孤立的存在，而是由人的各种经历和属性编织而成的，这些经历和属性不仅包括人的日常生活、社会活动、语言交流，甚至还包括人的遗传学和

---

① 丹尼尔·丹尼特．意识的解释．苏德超，李涤非，陈虎平译．北京：北京理工大学出版社，2008：479.

神经学特征。由属于某个人的全部生理、心理、社会因素组合而成的记录，就是关于这个人的叙事或故事，故事的主角就是“自我”。这样的“自我”就像“重心”，不是那种细胞或桌子一样的存在，却是一个有用的建构。它可以简化我们对个体的描述，你可以说“这是我的意识”，也可以说“我对这件事负责”，这样，你就为在你大脑里进行的纷繁复杂的并行处理过程或你的所作所为及其理由提供了一个所有者。“一个‘抽象物’，对它的评价不是基于它的本体论地位，而是基于它的解释力①。”能够使我们更好地理解人的行为和责任的“自我”概念，一个作为叙事重心的“自我”概念，才是值得我们拥有的。

3. 小结

丹尼特在解释意识的道路上花费了许多力气，试图扫清笛卡儿研究意识的本质主义进路对人们思想的禁锢。对于这种努力，一些哲学家表示了不屑的情绪，他们认为丹尼特的工作做得再有说服力，也只是在与“稻草人”做斗争②。言外之意，丹尼特所设想的批判对象根本不存在。在神经科学、脑科学快速发展的今天，从事认知科学研究的学者已经没有人再主张笛卡儿那样的意识理论了，他们既不认为意识具有时空坐标，也明确否认了存在所谓的“剧场”。丹尼特费时费力想要批判的对象——笛卡儿式认知科学家事实上根本不存在，他的工作没有什么现实意义。

关于这种质疑，丹尼特的回应是，表面上看，“笛卡儿剧场”模型作为一种意识理论已被大多数学者抛弃，但事实上，它的本质主义思维方式对心智哲学的影响根深蒂固。许多当代认知科学研究者们在拒斥笛卡儿二元论和笛卡儿意识模型的同时，“剧场”形象却仍然对塑造他们的思维有重要作用。他们都在无形之中贯彻着这种笛卡儿式策略，“有一些人在公开拒斥超自然物的同时，实际上却承诺了一个我们不可能将其看作自然实体的自我概念（self-conception）③。”例如，那些“笛卡儿式唯物论”者声称意识或现象经验是真实存在的，意识经验是以某种方式在我们大脑的物理部分中实现的一种特殊的“呈现过程”。尽管这种观点没有承诺任何剧场之类的存在，但却承诺存在一个特权神经媒介（privileged neural medium），“当信息最终转换进入该媒介时它就成了意识经

---

① McCarthy J. Dennett and Ricoeur on the Narrative Self. New York：Prometheus Books，2007：49.

② O’Brien G，Opie J. A Defense of Cartesian Materialism. Philosophy and Phenomenological Research，1999，59，4：940.

③ Elton M. Daniel Dennett：Reconciling Science and our Self-Conception. Cambridge：Polity，2003：xiii.

验[1]。”虽然“笛卡儿式唯物论”者用“特权神经媒介”这样一个仿神经生理学概念代替了“剧场”概念，但实质上特权神经媒介就相当于那条意识的“终点线”，两者本质上是一样的，都表明意识的发端具有精确的时空坐标，因此两者都属于本质主义的研究进路。

丹尼特直截了当地指出了笛卡儿观念在当代的延续，就是要表明心智研究的前景并不如我们自己认为得那样乐观。无论我们掌握了多少现代神经生理学知识、拥有多少先进的仪器和技术，依然有不少学者无法挣脱笛卡儿的枷锁。如果我们不彻底改变笛卡儿式思维方式，不从剧场模型里逃脱出来，不放弃缠绕在意识概念身边的那些令人困惑和纠结的术语，再多的科学研究成果也不能帮助我们走上探索意识的光明大道。即使二元论失宠，也还会有新的笛卡儿式理论出现，我们必须从根本上消除笛卡儿对我们的干扰，转变研究思路，这样我们才有可能正确理解和解释意识这种神秘的人类现象。

第二节　多重草稿模型

意识的“笛卡儿剧场”模型的确存在许多问题，尤其是它的本质主义研究进路，在丹尼特看来是非常错误的。不过批判“笛卡儿剧场”只是意识自然化工作的第一步，丹尼特不能只停留在批判他人理论以便声明“意识不是什么”的问题上，他还必须对“意识究竟是什么”做出进一步的阐释。丹尼特指出，在探索“意识是什么”的问题上，“笛卡儿剧场”模型的第四个特征——“主体权威论”从认识论方面肯定了意识经验的拥有者在解释意识现象中的权威地位，从而严重阻碍了我们对意识进行科学的、客观的研究。要想真正了解意识、解释意识，我们不仅要抛弃笛卡儿的本体论承诺，还要放弃人们对于意识解释的主体权威性和意识研究的内省现象学方法。在《意识的解释》一书中，丹尼特提出了一种异现象学（heterophenomenology）方法来作为我们科学地研究意识的中立性方法，并借助功能主义（functionalism）、语境论（contextualism）以及他本人的意向理论（intentional theory）对意识进行了自然化的解释，最终形成了著名的意识功能主义理论——“多重草稿模型”（the Multiple Drafts Model）。

① Dennett D C.The Message is there is no Medium. Philosophy and Phenomenological Research，1993，53：920.

一、意识研究的第三人称方法——异现象学方法

笛卡儿在肯定意识经验的主体权威性的基础上主张了一种意识研究的第一人称方法，这实际上是一种内省的现象学方法，因为意识经验只能为主体所把握，因此对意识的探索只能依靠主体对自身现象经验的体验和感受。但丹尼特指出，第一人称方法并非研究意识的唯一或最佳方法，这种方法存在难以克服的困难，我们需要发展一种科学的、第三人称的方法作为揭开意识之谜的方法论支持。他将这个方法命名为“异现象学方法”，以表明该方法与笛卡儿式现象学方法之间的异同。

1. 意识研究的现象学方法

上一节主要阐述了丹尼特对笛卡儿意识理论的本体论错误的批判，丹尼特已经向我们证明了笛卡儿的本质主义本体论是对意识现象的严重曲解。不过笛卡儿理论的错误还不止在本体论方面，他关于意识研究的认识论问题的看法也存在很大的误导性。

我们的意识经验包括许多内容，如对景象、气味、声音的感觉，我们自身的各种记忆和想法，我们的情绪和感受，等等。通常我们用现象学（phenomenology）这一术语来意指我们所具有的这些意识经验，因此意识经验又被称为是现象经验（phenomenological experience）。在笛卡儿理论中，现象经验最根本的特征是主体性，每个现象经验或意识经验都属于一个拥有它的主体，每个主体都享有通达自己意识经验的特许通道或访问特权。主体可以通过内省（introspection）直接获知自己的意识经验，这些意识经验也是主体最为熟知的东西。我可以不了解外部世界，也可以不了解自己的物理状态（如身高、体重），但我绝不会不了解自己的内心世界和意识经验。

此外，笛卡儿还认为意识主体对在自己脑中发生的意识经验不会出错，如果我意识到我正在经历疼痛，那么我就是正在经历疼痛，我怎么可能在没有经历疼痛的情况下意识到我正在经历疼痛呢？我作为意识经验的拥有者不可能犯这样的错误。如果我认为我的意识是这样发生的，它一定就是这样发生的，除了我，还有谁能认识我的意识呢？谁能比我更清楚我的意识是怎样呢？

总之，在笛卡儿那里，意识是绝对的第一人称（first-person）经验，只有意识经验的主体才能亲知意识经验的内容和发生机制；研究意识只能依靠第一人称的现象学方法，通过主体的内省获得关于意识的认知；主体拥有解释意识

的权威理论，任何间接的、第三人称的意识探索都不能真正说明意识究竟如何。笛卡儿的这些观点体现了他对意识的主体权威性和意识研究的现象学方法的肯定。

丹尼特认为，笛卡儿关于意识研究的主体权威论与其他三个特征一样也是存在问题的。如果意识经验只能是一种现象经验而不可能是分子、原子或神经脉冲，那么我们只能依靠现象学的内省方法探索意识，这就将对意识进行第三人称的、科学的、自然化研究的可能性彻底排除了。问题是主体对自己的意识经验真的具有权威性吗？主体依靠内省亲知的意识经验真的不会出错吗？

回忆一下前面提到的大卫·科波菲尔的魔术。作为观众，你首先看到大卫躺在操作台上，之后电锯落下将大卫拦腰斩断，大卫的两截身体被分开，但他依然向观众致意。看到这一幕的你惊讶万分，感到难以置信。这一切如何可能？你明明看到大卫被“截断”了。是谁在愚弄你？还是你在愚弄自己？“我们愚弄自己的也许就是内省的高度可能性……我们愚弄自己的是，我们以为‘内省’活动永远只是‘去看和看见’（looking and seeing）的问题[①]。”你以为自己真的看到了大卫躺下、被锯的全过程，你以为自己的内省意识是绝对可信的，而实际上，因为操作台被挡板挡住，你根本没有看到大卫是如何躺在操作台上的，所以他躺下的过程是你自己杜撰的，你关于大卫被截断的意识远不只是“去看和看见”这种视觉信息进入大脑的过程。你被自己的意识欺骗了。

如果你对自己的意识具有主体权威性，如果你知道意识发生的前因后果，当你发现自己被欺骗时，肯定会找出意识出错的地方，你肯定能把握错误意识的发生机制。但魔术的魅力就在于我们往往无法解释自己在什么地方上了魔术师的当。我们只能说出我看到了什么或意识到了什么，我们说明不了我们看到的假象或错误的意识是怎么产生的。我们既不能保证内省方法的有效性，也不能承诺我们对自己的意识具有权威性。我们利用现象学方法研究意识其实是在自己认为最不可能犯错的地方犯了错。要研究意识，我们需要走出纯粹现象学。

2. 意识研究的异现象学方法

仅凭内省的现象学方法是不足以揭开意识之谜的。因为人们只有对自己意识经验的访问特权，没有对意识经验的原因和结果的访问特权[②]。人们没有什么特殊的方法可以了解自己的意识经验的形成机制。此外，人们对他所内省的内

① 丹尼尔·丹尼特．意识的解释．苏德超，李涤非，陈虎平译．北京：北京理工大学出版社，2008：75.
② 丹尼尔·丹尼特．意识的解释．苏德超，李涤非，陈虎平译．北京：北京理工大学出版社，2008：77.

容的判断会出现“证明偏见”，即保留符合或能够证明他们期望的内省内容而忽略其他与期望不符的内容。如果意识经验不具有科学经验所必需的主体间的可重复性和可检验性，那么第一人称视角的研究方法就不足以建立关于意识经验和意识现象的可靠理论。

20世纪初产生的行为主义提倡了心智研究的另外一种思路，即心智的第三人称视角方法。行为主义主张，心智研究必须以具有主体间可检验性的数据为基础，任何内部的第一人称视角的心智现象或现象经验都不是心智的科学研究的对象，只有人的行为、表情、语言以及借助各种仪器获得的数据才适合作为我们研究心智的可靠资料。行为主义是心智研究的物理主义开端，其代表人物赖尔是丹尼特在牛津大学的导师。丹尼特在心智研究的方法论问题上明显接受了行为主义所倡导的科学的、第三人称视角的主张。在他看来，即使意识现象本身不构成科学研究的数据，也不意味着我们不可以用科学方法研究意识。我们可以通过某种途径获得科学方法可以研究的数据，进而构建一个关于意识的科学理论。丹尼特创立的获得意识经验的客观数据的方法就是异现象学方法。

我们知道，许多心理学家和神经生理学家在进行研究时都要设计有受试者参与的科学实验。实验设计者通常借助语言指令向受试者传达他们需要做的事情，受试者也通过语言来回应实验者的要求。例如，实验者告诉受试在看到红色斑点时说“红色”，看到绿色斑点时说“绿色”，那么受试看到相应的颜色时就会以语言“红色”或“绿色”做出回应。语言交流在保证这类实验能够顺利完成方面起到了重要作用，这也是以人为受试者和以其他生物甚至无生命物为受试者的最大区别。或许受试还可以采取按键的方式来进行回应，比如看到红色斑点按下左边的键，看到绿色斑点按下右边的键。实验者将他们发出的语言指令和受试的语言或行为回应都看作是有意义的行为，而非漫无目的的举动。他们记录下受试发出的所有声音和受试的按键行为，并谨慎地将它们转换为文字记录（文本），以便作为得出实验结论的基础。

这是我们很熟悉的实验过程，由此得到的数据也被认为是符合科学研究要求的客观数据。受此启发，丹尼特提出了我们完全可以借鉴此过程中的方法进行意识研究。在我们获得了文本记录之后，我们接下来必须对文本进行进一步的诠释，把文本看做是关于受试者的言语行为（speech acts）的记录，这意味着将受试看成一个理性行动者，他有信念、愿望等意向状态，他所发出的声音是他对自己想要说出的内容的表达。也就是说，我们对受试者采取意向立场，把他们的语言和行为都看做是他们在实验过程中在遵照指令的情况下产生的信念的真实表达。例如，受试说“红色”是因为他相信自己看到了红色斑点，并且想要向实验者传达这个信念。

通过文本的意向立场诠释过程，实验者得到了一个由受试者的信念内容所构成的世界，这个世界类似于由小说内容建构的虚构世界，它是由受试的文本记录内容所建构的，并且由文本授权决定。丹尼特称这样的世界为“异现象学世界”。由于异现象学世界的内容决定于受试者的意向内容，因此受试者实际上就是这个世界的权威。正如小说的作者是小说内容的权威一样，他创造了什么我们就接受什么，我们不必考虑小说内容与真实世界的关系。异现象学世界也是如此。无论实验者还是记录员都无权质疑受试对他们所相信的内容的信念，受试（准确地讲是受试的言语文本）创造了什么，他们就接受什么，不用考虑这些异现象学世界里的内容是如何产生的，或者受试者有没有可能犯错。

假设你看到一个孩子正在把长袜悬挂在壁炉旁，并且自言自语道“不知道圣诞老人会不会送我想要的礼物”，这时使他的行为和语言有意义的唯一方式就是对他采用意向立场，将“圣诞老人会送礼物给我”的信念归属于他。这时你不必考虑圣诞老人是否真的存在。相似的，如果你听到受试者说“红色”，那就说明他相信自己真的看到了红色，“红色”这个文本就构成了受试者的异现象学世界的一部分，你也不必考虑受试者所说的红色斑点是否真的出现。只要受试者是诚实地合作者，我们就必须接受他对于自己异现象学世界的描述。想想前面提到的 Φ 现象，主体说看到红点在运动并且在途中改变了颜色。实验者显然知道这是不可能的，但实际情况如何在这里并不重要，重要的是受试者认为他看到了什么。

简单地说，我们只是他人异现象学世界的忠实记录者而非质疑者，我们不能也不必去挑战他人对自己异现象学世界的看法。我们对其保持一种中立的态度，避免对文本的过度诠释，这样我们才可能更准确地勾勒出受试者心目中世界的确定形象。异现象学方法有三个基本特征：

首先是主体半权威性。之所以称之为“半权威性”是由于这个主体权威与笛卡儿意识模型中的主体权威不同。主体的特权只体现在他对自己的异现象学世界的描述上。主体认为在他的异现象学世界里存在什么就存在什么，主体对此拥有最终裁决权。这是笛卡儿承认的主体特权中的一半。而另一半，即主体的异现象学世界为什么是这样，这不是主体能够解释的，所以笛卡儿赋予主体的这一半特权在异现象学方法里是不存在的。

其次是本体论的中立性。我们要研究主体的意识，必须首先假定主体所意识到的任何事在他的异现象学世界里都是真实的。我们不必纠结于事实上究竟什么是实在的，什么是受试者的错觉甚至杜撰，只要他对自己的异现象学空间进行了建构，我们就接受这个空间就是这个样子的现实。我们不对本体论问题进行任何讨论，也不对何物存在做任何假设。

第三是客观性或主体间可检验性。异现象学空间是由受试者的声音和行为记录产生的文本构建而成的，这些文字材料是对受试者语言和行为的忠实描述。任何人都可以重复同样的实验，得到的文本也是公开的、客观的。只要记录员没有在诠释文本的过程中加入过多的主观判断，那么无论重复多少次实验，得到的文本都应当是基本相同的。

异现象学方法帮助我们很好地避免了一种两难境地：要么放弃意识的主体权威性，要么放弃意识的科学研究。通过使用异现象学方法，我们可以从外部获得关于主体意识经验的信息，同时又不放弃主体对于他们自身意识经验的直觉认知。这样，异现象学就将意识研究的主客观两方面结合起来。有了关于主体异现象学世界的第三人称数据，接下来要做的就是对这些数据进行解释。既然主体不具有解释权威，那么我们只能依靠科学来进行这项工作。科学必须以客观的方式建构关于异现象学世界的理论，科学不仅要说明事实上在我们大脑或神经系统中发生了什么，还要说明主体为什么会对如此发生的事情产生那样的一种意识经验。

二、多重草稿模型的基本内容

现在我们来考察一下丹尼特对意识形成过程的理解，即意识的多重草稿模型。方便起见，我们以视觉经验的产生过程为例。我们从眼睛获得的信息首先在视觉神经系统和中枢神经系统的脊髓部分等大脑之外的信息处理系统中经历初次存储加工，之后进入分布在大脑皮层各个区域的具有特定区分功能的沟回中。沟回受激而进入区分不同特征的状态，有的负责区分形状、有的区分位置、有的区分颜色等，最后是整个对象形象的识别。在不同的时间和不同的地点，区分会激活各种各样的神经元，它们是一个个小的“识别器”（recognizer），携带的内容是对外来信息进行的第一次“决定”或“判断”。之后这些局部的区分状态将区分结果传送至其他地方，促成进一步的区分并激活其他神经元。一旦大脑对某个视觉信号的区分表征已经完成，区分的结果就会以记忆或其他形式保留下来，并可为其他信息处理过程利用。但与笛卡儿剧场模型不同的是，这些结果不会集体汇聚到另一个特定的地方，等待更高层次的指挥官再次进行区分和判断。

丹尼特把每一个小的识别器产生的判断都称为一个“草稿”。视觉信号会在大脑中产生许多同时被激活的草稿，即你的大脑会同时存在大量携带不同信息的激活神经元。但草稿的活跃状态并不是一成不变的，在并行区分发生的一段时间里，草稿内容会留下短暂的痕迹，之后由于新的草稿的产生，或者之前的记忆等信息被唤醒，草稿或者被合并到后来的草稿内容中，或者为后来的草稿内容所覆盖，还可能由于受到来自其他渠道的信息的“污染”而不断被修改（例如，先前存储在你大脑中的有关红色衣服的记忆，可能会“污染”你对某个人的衣服颜色的信息，使你误认为昨天遇见的某个熟人穿着红色衣服，而事实上，他可能穿着绿色衣服。这样的事情在日常生活中经常发生，我们会“不自觉地”张冠李戴。这就是由于信息受到了“污染”）。在大脑中，各种对草稿内容的增加、合并、修正和重写会以各种各样的次序连续不断地进行，有些草稿内容很可能与最初的视觉信号内容相差很大（想想大卫·科波菲尔的魔术）。

任何时候大脑中都存在大量同时活跃的草稿，它们都是意识内容的备选材料。它们相互竞争，就像一场“群魔混战”。丹尼特主张，“这些草稿中的一些内容会做出它们短暂的贡献，然后消退，不留下进一步的效果；一些根本不起任何作用；还有一些是继续发挥各种作用，进一步调制内在的状态和行为；少数甚至将会一直存在，直到在以语言行为来体现的压力释放中，它们的存在为人所知[①]。”这意味着不是所有的视觉信息及经过整合的草稿都能成为意识经验。究竟哪些草稿能够成为有意识的内容，这与外界环境的变化有关。如果我们在适当的时候对大脑进行探察（probe），这些草稿中的一部分很可能因此而提升活跃度，在竞争中处于优势地位，并暂时产生比其他草稿更大的影响力——主导后续经验的语言报告和记忆、情绪、行为倾向等。而其他原本同样活跃的草稿会由于缺乏后续的增强因素而变得越来越不活跃，直至完全消退，不会留下任何进一步的痕迹。

如果你走在马路上，跃入眼帘的景物千变万化，那些飞驰而过的车辆和行色匆匆的路人都曾经对你的视觉系统产生冲击，也都会在大脑中留下瞬间的痕迹。然而这些信息都没有成为意识的内容，因为没有后续的信息提升它们在大

① 丹尼尔·丹尼特.意识的解释.苏德超，李涤非，陈虎平译.北京：北京理工大学出版社，2008：155.

脑中的影响力，你会发现自己从来没有“意识”到那些人和物。然而如果从你身边刚刚经过的人突然叫了你的名字，你的大脑中原本僵持的草稿竞争状态被打破，关于他的外貌、体形、衣着、姿态甚至记忆、情绪等信息的草稿的活跃程度会突然得到提升，并对你的语言和行为产生影响，你会认识到他是一个熟人，并向他微笑或打个招呼。有关这个人的草稿内容因此成为了你的意识内容。当然，对大脑的探察也未必都能产生意识。试想在你的社区里发生了一起盗窃案，警察来社区进行走访调查以寻找目击者或其他有价值的线索。当问到你前一天是否见过什么可疑人员的时候，你可能会说没有，但实际上你的确曾经和这个盗窃犯擦肩而过，遗憾的是，关于他的草稿已经在时间的流逝中消退了，甚至连记忆的程度都没有达到。对这些草稿的探察来得太晚以至于未能及时提升盗窃犯草稿的影响力。

丹尼特由此指出，“你对一个刺激物的意识并不是刺激物本身到达某个体表接收器或交换器这么简单，大部分对我们感官的末端器官的冲击从来都不会达到意识的程度[①]。”信息在这种程度上是有意识的：它对大脑中的处理过程，以及随后的公开行为有后续的影响[②]。成为意识内容的草稿是那些能够在竞争中取得优势，能够实现对未来行为、话语的控制权，并能够产生较为长久影响力的草稿。丹尼特将具有意识和具有名气做了类比。一个有名气的人，一个名人（celebrity），他的名声将会持续相对较长的一段时间，在这期间，他的话语和行为会对社会有更大的影响力，会更受社会关注。意识就是“大脑中的名人”（fame in the brain），是大脑中最有影响力的草稿。意识草稿因为种种原因变得更加活跃，它们持续相当长的一段时间，在此期间它们的影响力足够大，以至于主导了人的记忆、情绪、语言和行为。你所意识到的信息就是在竞争中暂时处于优势地位（即影响力最大的草稿）所携带的内容。意识就是这样被定义的，它像名声一样，是一个功能现象。

随着时间的推移，这会产生某种非常类似叙事流或序列的东西，可以认为这个流或序列受制于分布在大脑各处的许多过程的连续编辑，不定限地持续到未来。这个内容束更像是一条叙事流，因为它有多重性：在任一时间点上，都要有叙事片断的多重草稿在大脑的各个地方、各个编辑阶段中存在。

---

① Dennett D C. Brainchildren：Essays on Designing Minds. Cambridge：The MIT Press，1998：131.

② Dennett D C. Sweet Dreams. Cambridge：The MIT Press，2005：170.

第三节 意识的进化

我们已经了解了丹尼特对笛卡儿意识模型的批判，也探讨了他的替代理论——多重草稿模型，可以说，我们对意识可能是什么这个问题已经有了一种自然化的回答。意识不再是某种神秘的、不能进行科学解释的精神现象，而是在大脑以及整个中枢神经系统中发生的物理过程。不过对于丹尼特意识的自然化工程而言，仅以自然科学理论说明意识是什么还不够，还有另一个重要问题需要解决，那就是人类意识的产生过程。自然界最初是不存在意识的，这毫无疑问；自然界现在存在意识现象，这也毋庸置疑，那么意识必定经历了一个从无到有的生成过程。丹尼特在这个问题上再次求助于他所偏爱的进化理论，为我们大家编织了一个关于意识的演化故事——意识进化三部曲。当然，这个故事并不完全是“故事”，它是在生物学、考古学、文化学等众多自然学科和社会科学研究成果的基础上，配以适当的哲学分析和整理后形成的，因此它不是一篇精心杜撰的小说，而更像是对意识演化史的一次科学的、合理的追溯与回顾。

一、意识进化的第一阶段——特定基因型选择

在一段很长的时间内，地球上是不存在理由（reason）的，也不存在任何目的。没有任何事物为某个理由或目的而行动，所有事情的发生都是无意且漫不经心的。这时的世界是一个完全的决定论世界，在任何意义上都只存在事情发生的原因（cause），任何事情的发生也只需要原因，不需要理由和目的。

只是在一个偶然的情况下，在某种特殊的自然环境中，一种能够进行自我复制或繁衍的复制子出现了。复制子不像石头或沙粒那样对周围环境漠不关心，如果它想存活下去，并且能够不断进行复制和繁衍，它必须能够从外界条件中分辨出哪些东西对它的复制工作是有用的、有利的，哪些东西代表危险或伤害。这样一来，周围的自然环境对于复制子来说就不再是中立的，它必须对环境有最基本的价值判断，“它（复制子）创造了一个视点，世界上的事件可据此大致分成有利、不利与中立三类[①]。”趋利避害是所有生物的本性，最原始的复制子也不例外。于是，最早的“利益”产生了。有了利益就有了为追逐利益而行动

① 丹尼尔·丹尼特．意识的解释．苏德超，李涤非，陈虎平译．北京：北京理工大学出版社，2008：197.

的动机，也就有了做事情的目的。利益的出现使原本只存在原因的世界有了推动事件发生的更高层次因素——理由。

复制子并不具备认知自己行动理由的能力，但这不会影响它们按照理由行事。当复制子一心只为自己的生存和复制奔波时，它就成了有私心的东西。为了更好地达到自己的目的，它必须在如何趋利避害这个问题上有所作为。生存的需要促使复制子进化出区分自己与外界环境的能力，以便尽可能地保护某个边界内属于自己的那个部分不受伤害。在最早期，环境中的有利或不利因素只能以硬连线（hard-wired）的方式引起复制子的行为。自然界最初可能会诞生许多具有各种硬连线表型的复制子，但由于它们除了亲自尝试之外不能进行其他更为有效、代价更小的趋利避害行为，因此倘若它的表型特征不能帮助它更好地寻找生存资源、避免伤害，那么这种表型就只能成为自然选择中的淘汰者。而那些恰好能够适应环境的表型就被挑选出来，成为自然选择中的幸存者。之后，整个环境里的复制子都是这种适应性更好的复制子的后代。

尽管存活下来的复制子具有天生良好的硬连线表型，但这还不足以确保它们不被严酷的自然环境和残酷的相互竞争所吞没。要想进一步成为自然选择中的胜利者，它们还必须进化出更强大的功能。生物进化在这时出现了两种途径，某些复制子后代采取了就地武装自己的方式，它们不需要到处游走，只在自己所在的地方获取生存资源，这种方式形成了后来的各种植物。另一些复制子后代开始四处游荡，以寻找合适的生存空间和生活来源，同时避免恶劣环境对自己的伤害。它们的后代就是各种各样的动物。

如果生物体需要不停地走动，那它就必须进化出一个神经系统以掌控自己的身体活动，这时追踪目标和预测环境的能力显得非常重要。一个能够更好地追踪目标和预测周围情况的个体将在会在争夺资源和躲避风险时获得更大的优势。随着神经系统的进一步发展，以及更多获得外界信息的渠道（如视觉、听觉、触觉等）逐渐形成，动物为逃避天敌和危险环境而装备的警报系统越来越精良。之后它们进化出了一种专门应对警报信号的定向反应（orienting response）机制，当身体内部某个警报系统被触发后，动物会暂时中断当下的活动，它的整个神经系统都被动员起来，组成一个临时的中央控制区，迅速对周围形势进行观察与评估。丹尼特认为，这种构成动物警觉能力的定向反应机制虽然不是一种“有意识的觉察”，但也称得上是人类意识的一种原始雏形。

当单纯因警报而启动的定向反应逐渐演变为一种常规性的探索活动，一种新的行为策略就出现了，生物体将由相对被动地接受外界环境刺激变为主动获取各种信息。这些生物对自己生存的环境具有强烈的好奇心，能够从内部启动定向反应机制以进入对环境的探察状态。它们对信息如此渴望，即使对它们来说某些信息是暂时无用的，它们也会搜集并存储这些信息以备不时之需。这样的生物体被称为“信息吞噬者”（informavores），它们是能够更好地搜索环境情报的情报员。

伴随着生物体行为策略改变的是它们神经系统的进一步演化。由于搜集信息的需要，生物体进化出了更为发达的感官系统（即体表神经系统），其中枢神经系统的主要部分——大脑的结构和功能也有所发展。与复制子阶段通过淘汰那些不适应环境的表型类型来达到进化的目的不同，在“信息吞噬者”阶段，生物体的神经系统演化已经不需要用新的表型来替代，而只需要在原有基因型的基础上进行特定的基因组合即可。也就是说，“信息吞噬者”能够利用已有的设备组装新的系统。虽然这些设备仍然是硬连线的，但是它们的功能比以前更强大了。基因组合与纯粹的基因替代相比效率更高，它能产生出适应性更强的生物表型。

特定基因型的选择只是意识大脑产生的第一个阶段，它装配出的硬连线神经机制只能应对相对稳定的环境状况，硬连线个体的后代也只能获得能够通过基因来传递的能力。大自然不会为这些生物提供永久的优越条件，一旦环境发生变化或物种间的竞争激烈程度增大，仅靠遗传获取的能力就不再具有任何竞争优势。

二、意识进化的第二阶段——表型可塑性选择

地球上的自然条件不是一成不变的，陆地、海洋、高山、平原、森林、草场，一切地理特征都在随着地壳运动和大气变化等因素而发生着改变。任何一种生物表型都不可能永远适应自然环境。通过基因突变积累，并通过遗传信息传递的那些硬连线表型进化的速度显得太慢了，等待突变产生意想不到的适应能力，这种作法在环境特征频繁改变或意外状况不时出现时不再能够保障物种的存活，毕竟突变的周期相当长，而且突变的方向也未必更有利于物种减轻生存压力。生物体需要加快改进生存能力才能更好地适应环境变化。

在这种进化压力下，生物界出现了在一定程度上能够“重新设计”自己的物种，它们并不依赖基因突变产生新的先天的表型特征，而是依靠后天的学习和发展来获得竞争优势。丹尼特称这个过程为“后天设计固定”（postnatal design-fixing），即生物体不是通过遗传而是通过后天的学习、强化，在自己身上固定某种生存能力的过程。

后天设计固定是一个与自然选择类似的内部选择过程。自然选择的候选者是各种不同的生物表型，它们为各种有限的生存资源而竞争；后天设计固定的候选者则是不同的大脑神经结构，它们在影响和控制行为方面处于竞争关系。虽然人们现在对于大脑如何实现后天设计固定存在不小的争议①，但可以肯定这个过程是纯粹物理的、机械的，不存在任何神秘的成分。无论大脑怎样将后天习得的技能固定在生物体上，大脑神经结构的“表型可塑性”（phenotypic plasticity）②确保这个过程最终得以完成。

一旦拥有了表型可塑性，遗传演化过程就会被加速，形成所谓的“鲍德温效应”（Baldwin Effect）。“鲍德温效应”是美国心理学家詹姆斯·马克·鲍德温（James Mark Baldwin）提出的关于可能的进化过程的理论，探讨了一种影响进化过程的新因素——普遍学习能力的特定选择机制（mechanism for specific selection for general learning ability）。它的基本原理是这样的：假设某一物种为应对新的环境状况必须掌握一种新的技能。最初，所有的物种个体中只有拥有一种遗传特征的个体具备掌握这个更好的生存技能的能力，具有其他遗传特征的个体，即使其特征十分接近那个好的目标遗传特征，也并不能直接获得该技能。

由于被遗传所固定的先天设计具有很大的表型可塑性，个体能够尝试各种后天的设计形式，那么能够直接或更快地掌握新的生存技能的个体就将在竞争中占据优势。遗传特征离目标特征越近，个体需要通过学习固定的设计就越少；遗传特征离目标特征越远，个体需要学习的东西就越多，在竞争中的劣势也就越明显。由于生存压力增大，个体会倾向于学习那些好的技能，因此下一代的物种个体将是更好、更快地掌握了新技能的亲代的后裔，它们也将能够更好、更快地掌握新技能。这个过程将一直延续下去，若干代之后，整个种群将由其遗传特征就是或更接近目标特征的个体所组成。这样，学习新技能的能力就通过遗传固定在了该种群中。

鲍德温效应提醒我们，那些具有表型可塑性的物种不仅比不具有表型可塑

① 这个问题可以参阅丹尼特的《内容和意识》（*Content and Consciousness*，1969）以及埃德尔曼（Gerald Edelman）的《追忆现在：意识的一个生物学理论》（*The Remembered Present：A Biological Theory of Consciousness*，1989）

② 表型可塑性是生物体为应对环境变化而改变表现型的能力，具有表型可塑性的物种能够实现同一种基因型在不同环境下产生多种表现型，这使得基因型具有更强的环境适应力。

性的物种具有更大的竞争优势，而且它们还倾向于更快地演化发展，其演化速度要比表型不可塑的物种快好几个数量级，因为它们的适应力的增长不再是基因的差别化繁衍的结果，它们不再需要被动等待基因突变来改变生存劣势。表型可塑性帮助生物体提高了应对自然界中的突发状况的能力，通过不断增长的学习能力，它们可以进化出更高的智能，更好更快地适应变化的自然环境。

丹尼特认为，我们的灵长目祖先已经在表型可塑性方面达到了顶峰，它们的学习能力令所有的研究者们赞叹不已，它们实现自己生存目标的能力也令人印象深刻。灵长目的许多神经特征都与我们十分接近，它们的智能性是除人类之外最高的。我们可以认为，灵长目动物已经具备了形成意识的最基本的硬件结构，各种产生意识经验的神经结构和与意识活动有关的组织构造都在灵长目动物的大脑神经系统中安装完毕。表型可塑性选择已经为意识的粉墨登场搭好了戏台。但灵长目动物仍然不具有人类所具有的那种意识，因为人的意识的形成不仅是特定基因型选择和表型可塑性选择的结果，它还需要第三个条件。

三、意识进化的第三阶段——文化基因选择

灵长目动物已经拥有一个装备精良的大脑神经系统，在它们遇到“现在我应该做什么”的问题时，这个系统可以帮助它们从已有的行动方案中选择一个最合理的。不过智能的进化还没有停止，大脑可塑性的增加和信息量的增大使我们的灵长目祖先们有机会面临一个更高层次的控制问题：‘下一步我该做什么”。这个问题的解决需要一个具有前瞻预测能力的大脑，以便能思考“下一步我该考虑什么”。现在看来，灵长目动物的大脑不足以完成这样的任务，我们人类的大脑一定经历了进一步的进化发展过程。

事实上，我们的类人猿祖先与灵长目祖先的分化正是从这个时候开始的。猿的大脑由于某种原因开始出现了容量上的增长，最初增长的速度很慢，以至于在至少350万年前时还没有太大的变化。但从250万年前开始，大脑的进化步入了快车道，大约15万年前，这个扩容过程基本完成。在这个时期生活的早期智人的大脑已经比他们的灵长目祖先的大脑增大了4倍，与我们现代人的大脑容量相差无几。大脑的进化发展为智人的智力能力提高奠定了坚实的物质基础，也为他们探索更多的崭新设计创造了条件。

在所有智人可能发现的新设计中，语言无疑是一个无与伦比的精妙发明。我们可以推测语言产生于这样的情境中：智人通过发出特定的声音来向同伴表

达他的诉求——他想要知道某些事情，同伴也通过发声来回应他的询问，分享自己的信息，这样在他们之间就有了“问”和“答”的交流。同时发问者也可以是回答者，当别人发出问询的声音信号时，他能够受到激发而“说出他所知道的”。丹尼特相信，由于语言交流显然对个体的生存有很大的好处，并且共享信息是收益超过成本的行为，因此个体会对使用语言这个好的技能抱有极大的学习兴趣，再经过鲍德温效应加速，一段时间之后，利用语言相互交流的能力会被整个智人群体所习得。

现在，丹尼特假设了另一个思想实验：一个已经习惯于交流的智人某天自己单独进行某项工作，当他还希望通过询问来获得同伴的信息时发现他的周围并没有可提供信息的人存在。但是他听到了自己的发声，就好像有其他同伴要求进行交流一样，他的大脑会受到激发试图回答自己提出的问题。这种做法当出现下列状况时会变得非常有效：如果某人想要知道的信息实际上已经存在于他的大脑的某个特化回路（specialist circuits）中，但他当前所处的大脑状态却无法有效获得这些信息——它们之间没有形成一条通讯连线，这时通过声音借助听觉系统来激活信息所处的回路可以间接达到自己的目的。再通过由信息所在区域所激发的回答行为，他就可以听到他想要的答案。这样，智人就获得了连通自己大脑的内部组件的一条新路径——自言自语。自言自语是一种自动刺激行为，它虽然只是人际交流的一个偶然的副产品，却给我们带来了诸多好处，“它使两个神经上没有关联的亚系统通过自我导向（self-directed）言语联系起来”[①]，同相互交流一样，自言自语——自己与自己交流——也是一个好的生存计策，它很快就在群体中流行开来。

当智人具备了用语言与他人或自己进行交流的能力时，他们的大脑已经为掌握这种能力而进行了适当的功能架构的改变——原本不为语言目的而生的大脑区域现在延伸出了语言功用，它已经为语言信息处理准备好了必要的神经基底。这时，文化伴随着语言的使用而广泛传播开来。对于文化的传承及其对人类发展的影响，生物学家理查德·道金斯曾给予了一种视角独特的解释说明。他认为，文化传播的过程实质上与生物繁衍的过程有相似之处。最早出现的生命形式是复制子，复制子的差别化生存构成了生命的演化历程。对现存的生物体来说，双螺旋结构的DNA片断——基因，是我们这个星球上最成功的复制子。不过文化的诞生造就了一种新的复制子，它们是文化传递的基本单位，其

① Zawidzki T. Dennett. Oxford：Oneworld Publications，2007：85.

中包括服装款式、美妙的音乐、哲学理论、文学作品以及侵略、自杀等。一切被我们看作属于文化领域的东西都是由这些基本的文化单位构成的[①]。道金斯仿照基因的发音为文化单位创造了一个新的术语——模因。

和基因一样，模因也试图最大限度地复制和繁衍，只不过基因的传递发生在亲代与子代之间，而模因的传递则是在不同人脑之间。当你读过了一部文学作品，里面的内容和观念即模因就会被装进你的脑中；当你产生了一个好的想法，并说给你的朋友们听，你的思想也会传播到你的朋友们中间。通过人与人之间直接或间接的交流过程，思想、观念、技艺、发明等模因从某个或某些大脑传播到了另一些大脑中，这时候模因就被复制了[②]。

模因或者生存，或者死亡，这取决于它对文化环境的适应力。那些具有更强适应性的模因，也就是更能为大众所接受的模因就可以更好地存活下来并复制自己，而不能广为人们所接受的模因或不再适应时代环境的模因会慢慢退出文化的历史舞台。当然，模因也会发生变异，任何文化观念在传播过程中都有可能被修正、改善或者整合。这里需要注意的是，模因的适应性与我们的适应性之间并不存在必然联系。模因可能是生存能力很强的，但它实际上却在破坏我们的生存。自杀模因就是这样一些复制子，显然它的繁衍对人自身的繁衍没有任何好处，但这种模因仍然可以在某个时期内变得相当流行。在道金斯看来，模因的各种特征都表明它是符合自然选择演化理论的基本规则的演化实体，文化的演化发展可以通过一种文化遗传学模型（memetic model）来解释。

丹尼特对道金斯关于模因和文化进化的思想十分推崇，他在自己的著作中表明了对这种模因演化理论的赞赏："模因演化不只是同生物学演化或遗传演化类似，不只是一个可以按这些演化的习语来隐喻式地描述的过程，而是也是一个精确地服从自然选择法则的现象……基因与模因是不同的复制子，在不同的媒介里以不同的速度演化[③]。"模因复制子是在适合模因寄生的人类大脑形成、人类文化以某种形式出现的基础上诞生的，但语言的发明无疑加快了文化的传播速度，也加快了模因的演化进程。

丹尼特主张，模因对于我们心智的塑造有很大的贡献。由于模因需要人的大脑作为寄居的场所，而我们心智的容纳度在接收模因方面是有限的，这导致模因之间存在着激烈的竞争。当某些模因逐渐占据了我们的大脑空间时，这些模因的演化就成为大脑最底层的神经功能的再设计的推动力。它不仅带给我们

---

①② Dawkins R. The Selfish Gene. Oxford：Oxford University Press，1976：206.

③ 丹尼尔·丹尼特 . 意识的解释 . 苏德超，李涤非，陈虎平译 . 北京：北京理工大学出版社，2008：230.

分享文化成果的机会，使人们的生活被各种文化产物影响，同时也使在不同模因文化圈成长的人们的大脑功能产生了巨大的差异。虽然这种差异未必会表现在神经生理学的解剖特征上，但它们的确真实的存在。丹尼特认为我们可以在一个更高层次的语境中讨论这些差别。

四、意识——大脑硬件上运行的虚拟机

通过遗传演化、表型可塑性演化的过程，我们的大脑最终进化成了一个拥有多种功能区域、能够同时进行多项智能工作的巨大机器，就像一台多通道的“并行计算机”。大脑拥有许多特化回路，它们同时活跃着，产生许多负载内容的“草稿”。这些“草稿”你争我抢，就像一场群魔混战。“多重草稿模型”曾经向我们展示了这种场景，并指出意识就是在这场混战中获得暂时性胜利的那些草稿所携带的内容，是那些对我们的后续语言或行为形成最大影响的内容。现在我们要弄清楚那些获胜的草稿是通过何种方式取得优势的，也就是说，我们必须了解如何对草稿竞争这个混乱的场面进行适当的控制，才能使某些草稿的效用显现出来。这是一个很关键的问题，也是意识产生的必经之路。

这项控制工作是在意识进化的第三阶段——文化演化过程中得以完成的。文化演化使大脑获得了一种全新的功能架构，各种文化的模因从我们出生起就开始占据我们的大脑空间，最终所有的模因构成了一个模因综合体，它们的内容由大脑的物理成分所承载，但这些模因本身并非细菌或病毒一样的实在物，它们是一种信息，一种依靠大脑这个物理硬件来实现的虚拟物。模因综合体依附于大脑而存在，但它们并不能还原为任何大脑状态，它们是一种功能架构，就像运行在计算机上的软件或程序。它们在控制着大脑中的各种草稿的竞争，就像程序在控制着计算机内部的物理运行过程。

在人工智能专家的影响下，丹尼特也试图以一种更高层次——设计层次的立场来理解人类的意识现象：意识就是模因综合体软件在大脑硬件上的运行结果，而且这个模因综合体软件产生的是一个串行结果——一条平滑连续的意识流。丹尼特称这个软件为一台冯·诺伊曼虚拟机（virtual machine）。理解这样一种类比并不是十分容易，首先大脑和我们的普通家用电脑的基本架构不同，我们现在所使用的计算机基本都是冯·诺伊曼架构的，这种架构有一个重要特征，即它是串行的。这意味着计算机一次只能做一件事情。通常我们可以在电脑上同时做几件事，比如一边浏览网页一边听音乐，好像计算机同时可以进行这两

项工作，但实际上计算机每次只处理一个程序的信息，只是由于运行速度快，我们感受不到中间的转换。

其次是虚拟机的概念容易使人感到困惑。虚拟机实际上就是安装在真实的计算机硬件上的一个软件，但是它可以模拟真实计算机的物理环境，你可以在这个虚拟机上进行各种在真实计算机上进行的操作，包括安装 Windows 操作系统。有了虚拟机，一台真实计算机可以同时运行多个操作系统，从某种意义上说，它们是“同时”在工作，你可以在这些系统之间任意切换。在虚拟机上进行软件测试，你不必担心系统会崩溃，因为崩溃的只是一个虚拟系统。

人工智能领域的专业词汇给我们理解“意识的冯·诺伊曼虚拟机”造成了一些障碍，我们需要放弃一些细节。现在可以肯定的是，冯·诺伊曼架构的计算机上运行的虚拟机可以模拟任何计算机，如果大脑的确是一台巨大的并行处理器，冯·诺伊曼机也可以完美地模拟它，只需要以时间换空间。现在反过来考虑这个问题，大脑是一台并行计算机，原则上它也可以模拟任何的冯·诺伊曼机。通过模因综合体软件，大脑并行架构被模拟成了一台串行虚拟机，当没有重要的草稿纷争需要处理时，所有工作可以在无需虚拟机的情况下安静地进行；当纷争出现时，为裁决争端，虚拟机启动，它借助各种“程序”（如自我警惕、记忆技巧、复述和其他的自我掌控技能）对草稿的群魔混战进行控制，在结束混乱的基础上选出一个获胜的草稿集，这些草稿集产生了各种类型的持续效果。有些促成连续的说话，既包括对别人大声地说话，也包括对自己无声地说话；有些促成了行为的发生。大多数草稿则由于竞争失败而几乎立即消亡，只留下淡淡的遗迹和间接的证据表明它们曾经发生过。由于这台虚拟机是串行的，那些因为它的运行而上升为更高级的功能角色的草稿就汇集成了一条平滑的意识流，从而印证了我们所感受到的意识的状态。

这就是丹尼特为我们展示的意识的产生过程。实际上，意识是形成于文化出现之后的虚拟机，这种观点并不新鲜。早在 20 世纪 80 年代，虚拟机理论的雏形就产生了，之后，文化作为虚拟机的形成因素被引入进来。心理学家朱丽安·杰恩斯（Julian Jaynes）曾提出这样的观点：人类意识只是晚近的文化强加在早期的功能性架构上的结果。丹尼特早期也曾产生过类似的想法，之后道金斯的模因理论进一步完善了他对意识产生机制的看法。最终，丹尼特提出，任何安装了这种冯·诺伊曼虚拟机作为自己控制系统的人或物，都有最充分意义上的意识，而且它之所以有意识，就是因为它有这样的虚拟机。“当模因重建人的大脑以使其更适合模因栖息时，心智就被创造出来了[①]。”

第四节 小　结

丹尼特对意识现象的自然化大致经历了三个阶段：第一阶段，批判笛卡儿意识理论。笛卡儿对意识的本质主义解释是其理论的根本性错误，它不仅误导了人们的研究方向，还禁锢了人们的思想，限制了心灵哲学的发展。要想揭开意识的神秘面纱，获得意识的真相，首先必须抛弃笛卡儿式的思维方式，放弃利用本质主义观点解释意识的想法。本阶段的主要任务是驳斥笛卡儿的超自然心灵观，通过一系列反例证明笛卡儿意识理论中那些实体，如剧场、自我等，实际上根本不存在。意识既不是以“呈现”“再现”的方式产生，也不是意识魔法圈的产物。意识不是能力强大的“自我”的观赏对象，甚至不是全部的感觉经验。我们的意识不是未经加工的原始材料，即使作为意识经验主体的我们自己，也对意识的形成过程不知所以。因此，我们不能通过第一人称的内省方式对意识现象进行研究，因为这种方式不可能科学地解释意识现象。

第二阶段，提出自己的意识理论。在放弃笛卡儿理论之后，丹尼特为意识的产生提供了另外一种候选理论——多重草稿模型。多重草稿模型完全抛弃了意识是一条平滑的经验流的想法，取而代之以群魔混战式的信息草稿的竞争。这可以很好地解释为什么进入感觉器官的经验信息却没有成为意识的对象，因为这些信息在竞争中处于劣势地位，没有上升为对后续的语言、行为、情绪及其他状态产生足够影响的因素。而那些在竞争中获胜的信息草稿才能成为我们意识经验的内容，因此我们所意识到的往往是我们所关注的、用心体会的、与当下的环境或情境关联度高的信息，这些信息影响着我们的进一步的心理状态和行为倾向。

第三阶段，阐述意识的进化历程。意识现象同意向性一样经历了从无到有的进化过程。作为一种高级心智能力，意识现象需要高级的神经生理机制才能实现。丹尼特为我们编织了一个关于意识的演化“故事”，不过这个“故事”不是纯粹的杜撰，而是科学研究和哲学思考的结合体。在他的“故事”中，意识经历了三个阶段的准备工作才得以完成。首先是特定基因型的选择过程，该过程为生物体装配了高效的硬连线反应机制，使其具备了最基本的信息收集能力；

① Dennett D C. Darwin's Dangerous Idea：Evolution and the Meaning of Life. New York：Simon and Schuster，1995：365.

其次是表型可塑性的选择过程，该过程使具备更强学习能力的物种得以生存和繁衍，这为意识的产生奠定了生物学基础；最后是文化基因的选择过程，该过程是产生人类那种独一无二的意识现象的关键过程，正是由于文化对人心智的影响，以及文化传播所依赖的语言对人类大脑结构的重塑，才使得具有反思能力的意识最终产生。在丹尼特看来，意识就是安装在大脑硬件上的虚拟机，它使大脑的并行结构产生出意识流这样的串行结果。

第五章 自由意志的自然化

自由意志是人的外显形象中的第三个重要概念。通常我们总是很自然地认为，人可以根据自己的喜好和目标自由地选择要做出的行为。人有选择的自由，与此相对应地，人也必须为自己的选择负责。这是对人的一个非常重要的假设，也是人类社会一切政治、社会、经济、法律制度及道德责任的前提。然而自由意志这种在日常生活中看来毋庸置疑的人类现象，一旦与人的科学形象相提并论，却令人产生了种种疑惑。人的科学形象把人描述成是由遵循物理因果封闭原则的物质成分构成的实体。换句话说，在分子水平上，人是受机械论所依赖的决定论支配的机械装置，人的一切后续状态都是由先前的状态和外界环境共同决定的，这当中既不存在意外，当然也没有自由可言。我们自始至终都是完完全全被决定的，在我们身上发生的一切，包括我们的行为，都是之前存在的全部原因的不可避免（inevitable）的结果，我们根本没有自由意志，也不必为自己的行为负责。

与意向性和意识概念一样，自由意志和人的科学形象之间看似也存在着不可调和的矛盾，两者之间的紧张状况导致了对自由意志的两种截然相反的立场：一种很自然的立场是不相容论，即鉴于科学形象所依赖的决定论会破坏道德责任由以产生的自由意志，因此自由意志与决定论是不相容的，自由意志与科学形象之间的矛盾不可调和；另一种立场则坚信关于自由意志的相容论，即人的行为可以既是决定的又是自由的，决定论的真实性并不会破坏我们的道德责任的基础。

丹尼特支持的是第二种立场。我们的确是由遵守决定论的机械物质构成的，但我们是被决定的与我们是自由的两者之间并不存在必然的矛盾，我们依然可以在坚持决定论的基础上证明我们的自由意志是存在的。之所以会出现不相容论的主张，是由于不相容论者对与决定论和自由意志相关联的一些概念存在误解。只要我们正确分析那些与自由相关的概念的真正含义，明确了当我们说我们想要"自由"时，什么才是我们真正想要的东西，我们就会发现它们与决定论都是相容的，而且决定论是我们拥有自由意志的必要条件。丹尼特的工作就是在驳斥不相容论的基础上，用自然化的方法对自由意志的本质和产生进行解释，以达到缓解自由意志与科学形象之间的紧张关系的目的。

第一节 对不相容论的驳斥

如果自由意志与决定论是不相容的，那么我们只能有两种选择：或者像"自由意志论"（libertarianism）那样，认为人的行为不是完全由物理因果定律和先于它的物理因素决定的，不受因果定律约束的理性和自我也可以成为我们行为的原因①；或者接受强决定论（hard determinism）的观点，认为我们的一切行为都是由之前的物理因素因果地决定的，自由意志以及与之伴随产生的责任概念都是幻觉。无论我们认同两者中的哪一种立场，都会使我们面临尴尬的处境：要么接受二元论，要么接受取消论。两种结果对我们来说都不理想，因此我们需要找出能够证明不相容论错误的依据。丹尼特在驳斥不相容论观点的过程中，依然像在处理意向性和意识问题时那样双线作战：首先，反对自由意志论诉诸不受物理因果律约束的其他因素来解释人的行为的做法，强调人的行为的确是被之前的状态因果地决定的；其次，要反对强决定论认为自由意志和责任都是幻觉的说法，肯定在决定论的世界里也能产生自由。

事实上，在丹尼特看来，不相容论产生的根源是他们对于与自由意志紧密相关的一些概念的理解出现了偏差。当我们谈论自由时，我们首先希望成为一个自控者（self-controller）——能够自己控制自己的行为；我们还希望成为一个理性行动者——能够根据自己的意向和理由进行活动；我们不想成为被动地接受不可避免的命运的行动机器，我们希望通过自己的努力使有些事情成为可以避免的。自我控制（self-control）、理性（rationality）以及可避免性（evitability）

① 关于自由意志论的基本观点，可参阅该理论的主要代表人物凯恩（Robert Kane）1996 年的专著 *The Significance of Free Will*。

都是体现我们自由的形式。而不相容论者对这些概念的认识与我们在日常生活中谈论的这些概念，尤其是涉及自由意志时使用的这些概念的正常用法不一致，导致他们认定决定论与这些概念是不相容的。我们只有澄清这些概念的真正含义才能对不相容论进行有力的驳斥，同时也证明相容论的可能性。

一、决定论与自我控制的相容性

决定论主张，一个决定论系统的状态是由它之前的状态以及外界环境的状态共同决定的。换句话说，系统内部和外部的状态控制着该系统，决定着的系统的下一个状态。如果我们是真正自由的，我们必须能够抵制这些内部和外部因素对我们的控制，我们必须能够进行自我控制；如果决定论是正确的，那我们就不可能进行自我控制，我们所做出的每一个行为都是被控制的结果，我们不必为自己的行为负责。不相容论者正是在这样的“控制”和“自我控制”的意义上主张决定论与自我控制的不相容性。

让我们考虑一个这样的情景。一个身无分文又饥肠辘辘的流浪汉在路过一家面包店时忍不住偷了一袋面包，但不幸被当场抓到。正当面包店主和过路人纷纷指责流浪汉的行为并要求他为自己的行为负责时，恰好来了一位决定论者，他对流浪汉的行为进行了这样的辩解：这位流浪汉的行为是由他之前的状态——饥饿，和外界环境的状态——面包出现等共同决定的，两方面因素共同控制着他做出偷面包的动作。因此他的行为是被决定和被控制的，而不是由他自己控制的，不是他自己意愿的结果。因为流浪汉没有自我控制能力，他应当把责任推卸给他的身体状态和环境状态，而他自己没有必要为偷盗行为负责。

相信决定论者的辩解在现实生活中只会被当做一则笑话，不过这样的事情却在哲学界引起了一些恐慌和争论。丹尼特指出，不相容论者对“控制”概念的理解过于狭隘。以汽车为例。汽车显然是一个决定论系统，它的工作原理完全是机械的。当你驾驶汽车前进、后退、加速、减速时，汽车在正常情况下是完全按照你的意图改变自己的状态的，也就是说，你在控制汽车，汽车作为一个决定论系统，驾驶者对汽车的操作直接决定着汽车的状态。在这里，“控制”的涵义是：“A 控制 B 当且仅当 A 与 B 之间是这样的关系，即 A 能够驱使 B 进入任何 A 想要让 B 进入的属于 B 的正常范围之内的状态①。”因此一个决定论系

① Dennett D C. Elbow Room：The Varieties of Free Will Worth Wanting. Cambridge：The MIT Press，1984：52.

统在这个意义下是一个受控系统。但汽车并不是只能处于这种被控制的情境中。想想已经研制成功的无人驾驶汽车，设计者为汽车预先设置了合理的目标，汽车可以依靠车内以计算机系统为主的智能驾驶仪来实现无人驾驶。计算机系统会自动处理来自外界的信息，根据不同的路况信息采取不同的应对措施，即便穿梭于车水马龙的闹市之中，也能最终抵达目的地。如此设计的无人驾驶汽车在行驶中并不受任何外界因素控制，而完全是由自身具有的控制系统进行控制的，这样的一个系统毫无疑问是决定论系统，但它同时能够实现自我控制，因而也是一个自我控制系统。

还可能出现第三种情况，如果你在汽车行驶过程中发现刹车突然失灵了，此时的汽车已经超出了你的掌控范围，它不能按照你的指令进行刹车的动作。对你来说，汽车已经失去控制了。但是，这并不意味着汽车不再是一个决定论系统，它仍然是决定的，它的正在行驶却刹车失灵的当前状态决定着它不能按照驾驶者的意图执行迅速停止的后续状态。此时，一个决定论系统就成为了一个失控系统。

综上所述，即使一个系统是决定论系统，它也可以成为受控系统、自控系统和失控系统三者中的任何一个，因而一个系统是决定论系统与它是三者中的哪种系统无关。换句话说，"决定论本身并不'破坏控制'[①]。"成为一个决定论系统并不意味着不能成为一个自我控制系统，也不说明系统将一直能够处于良好的受控状态。

在不相容论者看来，人就是一个受控系统，没有自我控制的能力，也没有选择自己行动的权利。人的内部状态和外界环境充当了人本身的控制者，正是受到了它们的控制，人才做出了自己不得不做出的行为。回到刚才流浪汉偷面包的情境中。在不相容论者看来，流浪汉受到了他的身体状态和环境状态的驱使，进入了偷盗的状态，这种状态不是他自己想要进入的，而是身体和环境的状态想要他进入的。于是流浪汉自己不能选择自己的行为方式，不能进行"自我控制"。此时的流浪汉在不相容论者看来就处于受控系统的地位，鉴于受控系统不能选择自己的行为方式，不相容论者声称人是没有自由且没有责任的。

丹尼特反对这种涵义的控制概念，他认为我们与自身内部状态和外界环境之间不是我们与正常行驶的汽车之间的这种控制关系。一个系统想要对其他系统进行控制，该系统首先本身必须是一个行动者，只有行动者才有想要其他系

① Dennett D C. Elbow Room：The Varieties of Free Will Worth Wanting. Cambridge：The MIT Press，1984：72.

统做某事或不做某事的意愿。我们控制汽车，是因为我们是行动者，我们希望汽车按照我们的意图行驶。而对于外界环境而言，任何情境的出现都是中立的，环境并不是一个行动者①，环境不会具有想要某人做某事或不做某事的意愿，因此环境不是一个控制者的合理候选人。也许环境条件会妨碍某人想要达到的目的，比如你打算今天乘飞机去美国，但是由于天气条件恶劣，阻碍了你今天乘坐飞机的计划，你被迫取消了航班。但这并不是环境想要阻止你，环境没有这样的针对性。所谓各种自然灾害“报复”人对大自然的破坏的说法，只是一种适当使用的警告，大自然本身并没有这种意愿，大自然事实上没有任何意愿想要世界或人如何。内部状态也是如此。身体只是一台正常运作的机械装置，身体的任何状态都是这台装置工作情况的真实反映，这些机械装置的任何部分及其状态都不是行动者，不具有驱使身体进入下一个状态的意愿和能力。真正想要你的身体进入某个状态的行动者是你自己，而不是你身体的某个部分或某个状态。既然外界环境与身体状态都不是行动者，也就不能认为它们是在控制我们。从这种意义上说，人不是受控于内外部状态的受控系统。

人不是一个受控系统，而是一个自我控制系统。当我们说我们的确受到自身状态和环境状态的控制时，“控制”概念的正确涵义应是：“A 控制 B 当且仅当 A 发生的变化被忠实地反映和记录在 B 发生的变化中②。”这意味着如果 A 发生了某些变化，B 应当对这些变化是敏感的，B 会适时地根据 A 发生的变化而对自身状态进行调整。B 能够在分析自己的现状和环境条件的基础上结合已有的资源和想要达到的目的来做出行为。在这种意义上，所谓的“控制”实际上是一种影响，即对行动者而言，之前的自身状态和环境变化会影响他为达到目的而选择的行为方式，但这不意味着这些因素可以迫使他选择这种方式。任何行为的选择都是行动者自愿做出的，即使有时是出于无奈，但也是行动者能够接受的结果，只要愿意，行动者仍然可以以其他方式行动。

真正能够阻碍我们成为自我控制系统的因素不是决定论，而是各种强制手段或病症。如果流浪汉被歹徒绑架，他就不能按照自己的意志进行活动，此时他成了真正的受控系统，没有自由可言。如果他不幸患上了运动神经元疾病，他就不能随心所欲地做出各种行为，这时他变成了一个失控系统，也失去了某些自由。无论是哪种情形，他都不再是一个良好的自我控制系统，但这与决定论无关，即使受控或失控，也不能改变他仍然是一个决定系统的实质。

---

① Dennett D C. Elbow Room：The Varieties of Free Will Worth Wanting. Cambridge：The MIT Press，1984：61.
② Dennett D C. Elbow Room：The Varieties of Free Will Worth Wanting. Cambridge：The MIT Press，1984：59.

在大多数情况下，我们不是受控系统或失控系统，我们是自我控制系统，是真正的行动者。无论自身状态和外界环境如何，我们总是有能力选择适当的方式达到自己的目的，没有什么因素能够限制我们的行为，我们总是可以自由选择的。如果存在物理原因之外的其他因素可以左右事件的发生或走向，那么我们将不能保证所希望的事件可以按照我们的设想和安排发生。恰恰是决定论的因果链保证了我们可以有效地驱动自己的身体，我们所选择的行为可以达到预期的目标。

丹尼特的论证实际上表明了这样一种观点：不相容论者在物理层面上讨论“控制”概念是犯了“范畴错误”（category mistake）。“控制”不是物理立场的概念。物理事件只是构成了一条连续不断的因果链，在这个层面上是不存在“控制”与“被控制”的。“控制”是更高层次立场——设计立场的概念，只有在设计立场下，才能谈论某一物理事件是另一些物理事件“控制”的结果；某一事件是“失控”的结果；我们的行为是“自我控制”的结果。这一切都建立在物理世界是决定论世界的基础上。因此我们可以既是决定论系统，也是自我控制系统，决定论与自我控制是相容的。

二、决定论与理性的相容性

除了能够进行自我控制，一个真正的具有自由意志的系统还需要具备实施理性行动的能力。能够控制自己选择合理的行动方案，意味着系统能够为此方案提供合理的理由。而有一个理由进一步意味着系统能够对周围环境进行价值判断，能够分析什么是对它有利的，什么是它感兴趣的，这说明系统是受理由指导、对理由敏感的。不相容论指出，正是由于自由意志需要系统对理由敏感，才导致了自由与决定论之间的不相容性。一个纯粹的决定论机械系统，只对原因敏感，原因决定着系统的状态，理由对决定论系统没有意义。如果人是机械成分组成的决定论系统，则人不需要理由，因此决定论与理性是不相容的。

在丹尼特看来，不相容论者在这个问题上同样犯了“范畴错误”，理性和理由属于设计立场，而“决定性”（determination）是物理立场中的概念。当我们从物理立场考察系统的行为时，我们只能发现由物理事件组成的因果链，每个事件的发生的确是由之前的事件共同决定的。对于一个决定论系统而言，物理立场对行为做出的这种因果解释提供的是行为的原因，是一种“近端解释”（proximate explanation），它只能说明当下的状态是由什么状态直接导致的，却不能说明为什么这样的状态会出现。而理由则提供“终极解释”（ultimate explanation），具有行动的理由并不与具有行动的原因相矛盾，恰恰相反，合理的理由使原因具有了意义[①]。如果羚羊看到狮子和看到老虎时都会逃跑，那表示狮子和老虎在羚羊看来都代表生命威胁，这个理由使羚羊激活运动神经、传输神经脉冲信号、将生物肌能转换成动能等一系列物理、生物层面的事件变得有意义。因此理由是在设计立场语境中解释生命活动，它为我们提供了这条行为的物理事件因果链所具有的“实在的模式”。与自我控制一样，理由不仅不与决定论相对立，而且只有在决定论的世界里，才能成为行动的指导因素。而在一个非决定论世界，即使提出了行动的理由，未知的因素也可能破坏正常世界的原有秩序，妨碍我们得到想要的结果。

那么在一个决定论的世界里，理性和理由是如何产生的呢？我们生活的世界最初的确没有理由，只有无生命的物质被动地接受发生在它们身上的一切物理过程。这时的自然界完全可以利用物理立场来加以解释和预测。但生物体的出现改变了这种状况，尽管最原始的生物结构非常简单，甚至只是一些蛋白质大分子，但是它们具有了与被动接受外界环境变化的无机物不同的能力。生物体要维持正常的生命活动，必然会与环境发生能量交换，这时生物体对环境中的各种存在物的判断就不仅仅是对其物理性质的判断，还包括价值判断，也就是说，生物体要生存就必须懂得哪些环境因素对自身是有利的，哪些是有害的。生物体的生命活动不再是被动地回应外界环境的刺激，而是主动地带有意向性的趋利避害活动。生物体必须在认识环境的物理特征的同时从自身兴趣和利益的角度出发对环境进行评价。因此相比无机物而言，生物体增加了对环境进行分类的能力，并能够根据自己的需要和兴趣采取相应的行动。尽管这种能力是最原始的，但它仍然体现出行动的理由：“一个刺激物如何影响一个生物体并不仅仅依赖于该刺激物的物理性质，还取决于生物体的目标、历史及其所携带的信息[②]。”生物体是根据价值判断来做出行动的，这就是生物体生命活动的理由，是一种遵循自由漂浮原理（free floating rationales）的理由[③]，即尽管它不能为理由的拥有者所表征，却在无形中支配着生物体的生命活动。价值判断使我们不得不去探究“为什么生物体的行为会是这样而不是那样”这类问题。这些问题

---

① 在生物学上，近端解释是依据生理学和环境等对生物行为直接负责的因素来解释生物功能的，它提供的是生物体行为的“近端原因”（proximate causation）；而终极解释或远端解释（distal explanation）则是根据作用于生物物种上的进化压力来解释生物特性，它提供的是生物体行为的“终极原因”（ultimate causation）。

② Thompson D L. Daniel Dennett. New York：Continuum International Publishing Group，2009：111.

③ Dennett D C. The Intentional Stance. Cambridge：The MIT Press，1987：15.

在物理立场上是得不到回答的，因为物理立场不谈论行为的意义和理由，这样我们就必须采用设计立场才能揭开生命活动背后的奥秘。

不相容论者可能会质疑根据自由漂浮原理行动的低等生物体是否真正具有理性和自由。如果按照丹尼特所说，有行动的理由就意味着行动是理性选择的结果，有选择的余地就表明生物也可以其他方式行动，即可以有自由。我们能为低等的生命活动提出理由，那么我们也应当接受这些低等生物具有理性和自由。在不相容论者看来，这是不能接受的，我们怎么能相信如细菌这样的低等生物也具有所谓的自由意志？自由意志不是那些生物体能够拥有的特征，而是独一无二的人类才具有的特性。

生物的进化不是离散式的而是渐进式的。如同无生命到有生命的过程中物种之间并不存在十分严格的界限一样，从无理性、无自由到人类的理性和自由的过程中也充满了各种中间形式。最原始的生物能够基于某些简单的理由作出行为，它就比完全没有信息判断能力的无机物具有更大的选择空间，它也就拥有更多自由。随着生物复杂程度的增加，生物对环境做出反应的形式更加多样化，选择的空间进一步加大，生物体所具有的自由也越来越多。理性和自由的程度是随着生物的进化而进化的，物种之间只存在自由度不同的差别，而不是有自由和无自由的差别。

在考虑生物现象时，我们需要特别注意避免那种非黑即白的本质主义思维方式。就像我们不应当认为只有人才具有意向性一样，我们也不应当把自由看成是人类特有的气质。在丹尼特看来，人的独一无二性不是由于人具有其他生物不具有的自由，而是人能够对自己行动的理由进行反思。低等生物只能表征对象，而人类不仅能够表征对象，还能够表征理由，这样我们对外界环境的价值判断就不只是停留在无意识的阶段。我们可以对我们的判断进行再判断，我们可以对我们理由进行评价。这样，我们就具有了最大程度的自由。

人类自由实质上与自由漂浮原理提供的自由只存在程度上的不同，人的理性与其他生物的理性也只是程度不同，因此对于人的理性，结论与前面一致：理性与决定论相容的。我们为自己的行为提供理由，就是要表明我们所做出的行为是与我们的兴趣、意向、目标等相关的，是于我们的利益有贡献的，我们的行为不是被动的反应而是主动的选择。所有驱动行为的机械原因，无论是大脑状态还是神经激活模式，抑或是体内的化学能向机械能的转化，都是在理由的构建中形成一条合理的因果链条，理由赋予这些单纯的机械过程以存在的意义。理由与决定论是从不同立场对生物行为做出解释，两者是相容的。

三、决定论与可避免性的相容性

不相容论者曲解的第三个概念是可避免性，他们主张在一个遵循因果决定论的世界里，不存在任何可以避免的事件，一切后果都是前因的不可避免的结果。所有的不相容论主张都赞成以下推理：

如果所有的人类行为都是完全由之前的物理因素决定的（p），那么所有的人类行为都是不可避免的（q）。如果所有的人类行为都是不可避免的（q），那么人没有自由（-r）。即：

$$p \to q \wedge q \to (\neg r)$$

自由意志论和强决定论的不同只是在于为这一组前提附加了不同的条件，前者认为人有自由（r），因此决定论是错误的：

$$p \to q \wedge q \to (\neg r) \wedge r \to (\neg p)$$

后者主张决定论是正确的，因而人没有自由：

$$p \to q \wedge q \to (\neg r) \wedge p \to (\neg r)$$

丹尼特认为，不相容论的错误恰恰在于这组前提本身有问题。命题中的关键概念是"不可避免的"，是联结决定论与非自由的中介概念。那么决定论一定蕴含不可避免性（inevitability）吗？如果答案是肯定的，那么这个不可避免性概念是与人的自由意志相关的那种不可避免性吗？在丹尼特看来，不相容论者对不可避免性这个重要概念存在着严重误解，决定论所意味的那种不可避免性与排斥自由意志的不可避免性不是同一个概念。

不相容论主张在一个遵循因果决定论的世界里，不存在任何可以避免的事件，一切后果都是前因的不可避免的结果。丹尼特提醒我们注意这种不可避免性究竟是哪种意义上的不可避免性。根据三种立场理论，每种立场都具有各自的范畴和规律，不相容论的不可避免性是属于哪种立场的不可避免性？或者不可避免性在是任何立场都适用的概念？我们真的不可能在一个决定的世界里构造出具有避免某些事情发生的能力的结构吗？丹尼特给出了两个例子来证明不相容论观点的错误。

首先，他借助第一章中提到过的生命游戏（Game of Life）来说明决定论并不蕴含不可避免性。根据上文对生命游戏的介绍，生命游戏的世界是一个完全的决定论世界，只要确定了游戏规则和每个细胞的初始状态，那么在生命世界里发生的一切事件都是决定的，我们可以分毫不差地预测出整个生命世界在每一时刻的状态。然而在这个世界里，不仅存在着生与死的细胞，还存在着各种具有特殊属性的结构，如滑行物、飞行器（spaceship）以及能够"吃掉"滑行物的吞噬者（eater）等。这些结构各自具有不同的特征，它们中的一些比另一些具有更强的"抵御"其他结构"入侵"的能力，从而能够在生命世界里"存活"更长时间。图 5.1 是被命名为"吞噬者"的细胞结构。

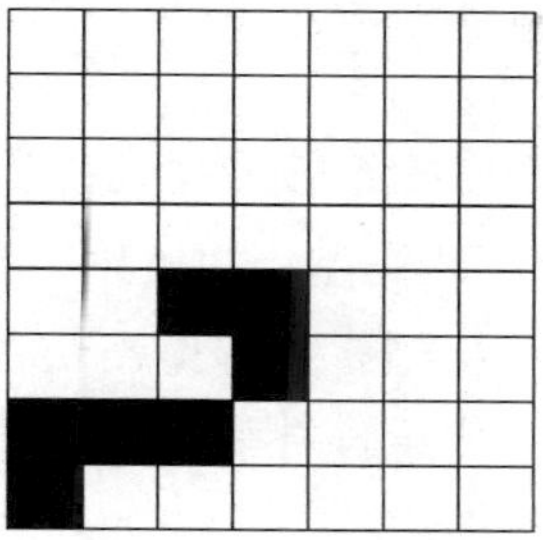

图 5.1 "吞噬者"的细胞结构

当"吞噬者"遭遇"滑行物"入侵时，会将"滑行物"慢慢消耗掉，并修复自己的结构，如图 5.2 所示。

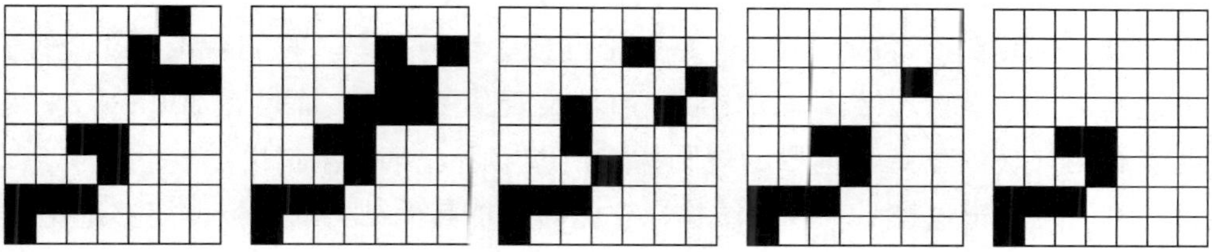

图 5.2 "吞噬者"吃掉"滑行物"的过程

这意味着，在生命世界这样一个决定的世界里，我们仍然可以获得一些结构，它们比其他结构具有更好的避免伤害的能力，因此能够在生命世界里存活更久。于是，我们可以进行如下推理①：

（1）在某些决定论的世界里，存在能够避免伤害的避险者（avoider）；

（2）因此在某些决定论的世界里，有些事情是可以避免的；

（3）任何能被避免的事情都是可回避的（avoidable）或可避免的（evitable）；

（4）因此在某些决定论的世界里，不是所有的事情都是不可避免的；

（5）因此决定论并不蕴含不可避免性。

这个推理过程最关键的部分是命题（1）。不相容论者会质疑生命世界这样

① Dennett D C. Freedom Evolves. New York：Viking Penguin，2003：56.

的决定论世界里怎么可能存在能够避免某些事情的东西。在他们看来，生命世界里那些看似能够避免伤害的结构并不是真正具有避免伤害的能力，而是被生命游戏的规则和它们自身的结构特点所决定的。它们注定能够存活更久，它们是不可避免地具有能够避免伤害的能力，这种注定具有的能力不是真正的避险能力，避险者不是在真正的避免某事，因此也不存在真正可以避免的事情，一切事情的发生都是必然的。

丹尼特认为，我们没有理由拒绝接受生命世界里的可避免性不是真正的可避免性这种主张[①]。恰恰相反，正是基于决定论，我们才能设计出具有这种特殊能力的避险者，决定论是我们获得能够避免被伤害的生命结构出现的基础，也是我们获得可避免性的基础。如果真有某个事件是被所有的生命结构、在任何时间任何地点都不可避免的，那么这个无论如何注定要发生的事件在决定论世界还是非决定论世界都会发生。

决定论并不蕴含不可避免性，决定论与可避免性是相容的，因为两者是属于不同层次的范畴。当我们在肯定世界是决定的时候，我们是在对世界采用物理立场。就像在生命世界里，每个细胞在每一时刻的状态都是决定的，没有任何例外。而我们所说的可避免性是属于设计立场的概念。我们谈论可避免性，不是在关心一旦物理结构确定之后，事情是否不可避免，而是想知道我们如何能够利用环境的信息和世界的规则构造出能够避免某些事情的结构。事实上，我们可以设计出这样一种生命结构，它能够抵挡其他结构的入侵，能够避免生存环境给它造成的危害，能够比其他生命结构存活得更好。因此，尽管生命世界是决定的，我们仍然可以通过设计适当的结构来获得可避免性，设计层次的可避免性是可以在物理层次的决定论世界里存在的。

我们生活的世界就如同生命世界一样，最基本的生命规律是符合因果决定论的，但我们仍然可以在进化的过程中，通过自然选择的设计获得很好的避险能力。如果有人向你扔石头，你会下意识地躲开，那么石头砸中你这个事件对你来说就是可避免的。这种可避免性是在石头遵守它的飞行轨迹、你的身体也遵守你的中枢神经的指令的情况下实现的，石头的飞行状态和你的身体的运动状态的确决定了你能够躲开石头。是否可避免的问题只对你才有意义，这是由于决定论的世界里并不存在兴趣或意向性这样的概念，因为没有任何细胞或分子具有兴趣或信念，但可避免性和不可避免性都会涉及对谁可 / 不可避免，只

① Dennett D C. Freedom Evolves. New York：Viking Penguin，2003：58.

有行动者才会对该问题感兴趣，也只有行动者才会根据兴趣和信念产生避免或不避免某个结果的愿望。因此，决定论与不可避免性是分属于不同立场的概念，它们之间不存在必然的关系，物理层次上是决定论的世界里也可以存在设计立场或意向立场中的可避免性。

接下来，丹尼特论证了决定论与可避免性的相容性。考虑一场象棋比赛里作为对手的两个下棋计算机程序 A 和 B。每一局比赛的开局都是根据一个随机的数字产生器的输出而随机选择的，因此每局比赛的进程都不尽相同。假设 A 程序在大多数情况下都获得了胜利，而这主要源于 B 程序的设计规则存在缺陷，那么 A 程序的获胜是否是不可避免的？或者换句话说，B 程序的失败是可避免的吗？下棋计算机是一个完全的决定论系统，每一步棋都是根据程序本身的规则和程序的物理状态而产生的，没有人会对计算机程序的决定论特征产生怀疑。如果从物理立场看，从比赛开始到结束，两个程序的一切物理状态都已经确定了，B 程序的确不可避免会失败。那我们问 B 程序的失败可不可以避免是否有意义呢？

丹尼特指出，这个问题当然是有意义的，但它只对程序设计者有意义，因为只有程序设计者才会对程序是否设计得不够合理感兴趣，而计算机的物理状态本身是不会对这些问题感兴趣的。我们也不关心当程序设计好之后，在完全相同的初始条件，A 与 B 再进行一次比赛，B 会不会获胜。我们关心的是如何能设计出更好的规则或初始状态，以增加 B 获胜的几率。也就是说，我们更关心的是 B 的设计立场问题，而不是物理立场的问题。所以归根到底，问某个事件是否是可以避免的，一方面涉及关心这个问题的主体（即对谁）是可以避免的；另一方面涉及如何改进系统结构以便在下一次情况有所不同的时候产生不同的结果。就像在生命世界里，我们不关心同样的规则下同样的初始状态的存活情况有不会有所不同，因为这个问题没有意义，决定论决定了情况一定不会不同。我们关心是否可以通过改变初始状态来设计出生存能力更强的结构。“对丹尼特而言，只有当深思熟虑和行动都无效时，某件事才是不可避免的……他相信由于估算（reckoning）而产生的可避免性将决定论与不可避免性分离开来[①]。”因此，即使在决定论的世界里，我们依然可以谈论可避免性，我们依然可以考虑设计出更好的结构或程序。而且只有在决定论的世界里我们才能实现自己的设计意图，非决定论

① Ross C. Dennett on Free will. Int Ontology Metaphysics，2011，12：140.

的世界无法做到这一点。

不相容论者把属于不同立场的决定论概念与可 / 不可避免性概念放在同一个立场下考量，再次犯了“范畴错误”，对可 / 不可避免性概念的意义产生了误解。丹尼特主张，“由设计师们在评估决定论系统的设计时所引起的不可避免性的意义才是不可避免性的正常意义，也是与人类自由问题相关的意义[①]。”决定论并不是必然与不可避免性联系在一起，它与可避免性也是相容的。

我们在日常生活中自然地谈论自由意志和道德责任，都是在这种正常的意义下进行的。之所以会出现不相容论的主张，于自由意志论而言是“自由过度了”。由于错误地将决定论与不可避免性捆绑在一起，自由意志论不得不为自由意志提供超自然的原因，从而走向了笛卡儿式二元论。而事实上人的行为原因只要从物理立场解释，都是遵守因果决定论的物理原因，超自然的原因根本没有用武之地；另一方面，于强决定论而言是“决定过度了”。也是由于错误地将决定论与不可避免性捆绑在一起，强决定论者把只能运用于物理立场的决定论运用到了设计立场，排除了设计立场中的可避免性概念从而导致了取消论。不相容论者之所以会犯这样的错误，在丹尼特看来是出于两个原因：一是他们将我们对原因和可能性（possibility）的正常看法曲解了，似乎如果一个事件是被因果地决定的，那对它来说不发生就是不可能的；二是决定论意味着我们的特性是固定不变的，我们不能改变自己的某些内部状态以避免曾经犯过的错误。而事实上，我们一直不断从过去的经验中吸取有益的成分来调整自己的行为以便在下一次遇到相同情况时获得更理想的结果。我们不会每次遇到同样的问题时都处于和过去完全相同的状态，经验和记忆会帮助我们避免再次出现不好的情形，这使得我们可以采取某些不同的方式应对同样的问题。人类所具有的这种避免某些事情发生的能力与自由意志密切相关，它证明了作为物理机械装置的人也同样可以拥有多种选择的自由。不相容论者在自由意志问题上的立场的完全错误的。

丹尼特对自由意志相容论的论证有一个明显的基本策略，即以意向理论（即三种立场理论）为基础。在丹尼特看来，自我控制、理性和可避免性都是属于设计立场的概念，决定论概念则属于物理立场。当我们从物理立场考察世界时，我们只能看到由连绵不断的物理事件构成的因果链，因果链当然是

① Zawidzki T. Dennett. Oxford：Oneworld Publications，2007：103.

决定的，但这并不意味着因果链是杂乱无章的。丹尼特坚持认为我们的世界存在模式，模式是实在的[①]。正如生命游戏中除了生与死的细胞还存在滑行物与吞噬者一样。生与死的细胞是生命世界在物理层面的基本要素，而滑行物与吞噬者则是被设计出来的结构，这些结构体现着其构成者——细胞所不具备的各种能力，它们是更高层次的存在物，而“滑行”、“吞噬”的概念则描绘了这样的存在物的行动模式。同样，属于设计立场的自我控制、理性和可避免性概念也是在表达代表复杂系统之行为的物理事件背后的模式。因此，当我们把这些属于设计立场的概念放在物理立场下进行分析的时候，就会产生不相容论者那样的误解，也就是犯了“范畴错误”，这是不相容论主张错误的根源。

丹尼特运用意向理论进行的自由意志相容论论证符合他在解决心智问题上的一贯做法。他开展心灵自然化工程的基本思路是首先建立关于意向性或内容的意向理论，将意向性自然化，之后再将意识与自由意志看做是某种特殊类型的意向状态。从上述协调自由意志相关概念与决定论的阐述来看，丹尼特充分贯彻了这个基本思路，把这些概念放在了更高的立场上进行讨论。这样，所谓的自由意志就成为由物理成分构成的生物体所表现出来的更高层次的能力，是更高层次的模式，只能从更高的立场辨别。

尽管自由意志相容论是自然主义者的必然选择，丹尼特也为我们支持自由意志相容论提供了新的论据，使他的自然化工程向前推进了一大步。但是不得不承认，丹尼特对自由意志相容论的论述是存在缺陷的。首先，他更多是在驳斥不相容论的观点和主张，讨论不相容论者对自由意志及其相关概念产生的误解，缺乏直接有力的论证来说明自由意志究竟如何在决定论系统中产生；其次，就他对上述三个概念与决定论的相容性的论证本身而言，也存在不尽如人意之处。不过考虑到丹尼特的目的并不是要最终解决自由意志与决定论的关系问题，而是提醒人们不要因为接受了决定论而相信人类对未来无能为力的宿命论（fatalism）或者人类没有自由意志的虚无主义（nihilism）[②]，这种论证上的缺陷并不是致命的。在《自由在进化》一书中，丹尼特开始尝试借助进化理论来解释自由意志的产生与发展。

① Dennett D C. Brainchildren：Essays on Designing Minds. Cambridge：The MIT Press，1998：103.

② Ross C. Dennett on Free will. Int ontology Metaphysics，2011，12：147.

第二节 自由意志的进化

一、自由意志与责任的关系

不相容论者可能会接受丹尼特所提出的关于自我控制、理性、可避免性三个概念的相容论论证，但是他们仍然可以拒绝自由意志的相容论。他们指出，根据丹尼特的阐述，如果一个生物体可以基于自己的利益或兴趣对周围环境作出价值判断，提出合理的行动理由，适当地操控自己的行为，并且能够从过去的经验中学习到新的东西，改变某些生存策略以便更好地存活下去，这样的生物体都可以被认为是有自由的。但是这样的自由与人所具有的自由存在很大差别。例如，非洲草原上的狮子也满足拥有自由的那些条件，但狮子捕杀羚羊是天经地义的事情，没有人会指责狮子的捕猎行为是否正当或者合法，狮子不必为自己的行为负任何道德责任。而如果人捕杀了受到法律保护的狮子，那么人就必须为自己的行为负责任，也就是说，人的自由是有代价的。

人的自由与自然界其他动物自由的最大区别在于人的自由意志涉及一个最重要的概念——责任。人不仅拥有对自己的行动方案的选择权，即选择的自由，也必须为这个所选行动的结果负责任。因此人的自由意志并不像其他生物的自由那样是设计立场的概念，它不是只依靠自然选择的进化设计就能够产生的东西。即使我们采纳丹尼特的立场，认为自我控制、理性和可避免性可以与决定论相容，但如果我们是决定论系统——我们的任何行为都是别无选择的结果，我们被迫这样做，因为我们的行为是被因果地决定的——我们也就可以理所当然地认为我们是没有责任的。因此不相容论者主张，人的这种具有道德重要性的自由意志与决定论是不相容的。我们对人类行为的原因了解越多，越应当原谅自己的道德过失，因为那不是“你”的错，而是你身体中的分子水平的状态和外界环境的状态共同造成的，它们应当为此负责，而“你”是没有任何责任的。丹尼特把这种推卸责任的方式称为“渐渐无罪的幽灵”（Specter of Creeping Exculpation）。因为当我们最终从设计立场下降到物理立场去解释行动的原因时，因果决定论帮助我们很好地摆脱了本应属于我们的责任。

责任被认为是阻挡自由意志自然化的最大障碍。自然界果真不能产生有责任的自由意志吗？丹尼特认为答案是否定的。我们之所以不能说明与道德责任相关的人类自由意志的产生，是由于传统哲学错误地理解了自由意志与责任之间的关系。如果自由地选择权是责任的前提，不能自由地选择就不必负责任，那么不相容论的结论就是必然的。在丹尼特看来，这种对自由与责任的理解颠倒了两者之间的关系，道德责任不是自由的结论而是自由的前提。我们在社会生活中拥有各种选择的机会，因而我们拥有各种自由的行动，但这些自由实际上是社会或群体赋予我们的自由，它意味着我们首先能够承担责任，我们能够对自己的行为负责，这样社会或群体才会给予我们自由选择的权力。一个不能为自己的行为负责的个体，其行动势必也会受到社会或群体的限制。就像精神病患者不能对自己的所作所为负责任，因而他们必然是没有自由的，他们只能活动在相当狭小的范围内，不能参与到社会生活中来。而一个犯了罪的人要为自己的罪行付出相应的代价，即受到某种程度的惩罚才能获得重新进入社会生活的机会，进而重新获得自由。

自由与责任之间的关系应当是由于我们勇于承担犯错误的后果，我们勇于承担责任，因而才能获得相应的自由，而不是因为我们有自由所以才有责任。责任先于自由而存在，一个人只有先学会对自己的行为负责，才能得到群体的认可和接受，才能享有相应的自由。因此，接受承担责任的训练是一个人能够获得自由的条件。用丹尼特的话说，“责罚是我们获得信誉所付出的代价，在大部分情况下我们很乐意付出。我们高价地付出，在被发现犯法之后接受惩罚和公开的羞辱以便获得重回游戏中的机会[①]。”无论任何特定的错误是否注定要发生，带有道德责任的那种自由都来自于我们想要参与到对我们的错误承担责任的训练中。只有接受责备和惩罚，我们才能更好地控制自己的行为，进而使我们变得更自由。

问题的关键在于，自然界的自由是设计层次的自由，这种自由与道德责任无关，而人的自由是与道德责任相关的，这意味着在动物的那种遵循自由漂浮原理的自由进化过程中，必定存在某些条件，使得这种自由不得不与责任联系在一起，否则群体将无法正常生存下去。那么究竟出现什么情形才能让带有道德责任的自由意志产生并得到自然选择的青睐呢？我们为什么只有在接受承担责任的训练中才能获得自由呢？这种承担责任的自由如何进化而来？这些都是我们理解自由意志的进化过程必须回答的问题。

---

① Dennett D C. Freedom Evolves. New York：Viking Penguin，2003：292.

二、合作与利他行为的出现

在负责任的前提下才能获得自由，表明群体对不负责任的行为给予了相应的惩罚。不负责任的行为应该视为对群体有害的行为，因此群体所鼓励的必然是一种对群体本身有利的合理行为，这是群体成员获得共同利益的基础。只有成员之间相互合作，才能达到群体利益与个人利益的双重满足，由此我们认为群体的生存和发展是以成员之间的高度合作为基础的，任何只顾私利而破坏他人或群体利益的行为都要受到群体的惩罚。但根据达尔文的进化理论，自然界本身是一个充满竞争的环境，在生存资源有限的情况下，物种之间以及物种内部无时无刻不存在着激烈的竞争。对环境的适应性决定着生物体的生存几率，只有那些能够更好地适应生存环境的物种或个体才能在残酷而恶劣的自然界中存活下来。这样一来，物种之间或同物种的个体之间只存在竞争关系。因此似乎不太可能出现合作（cooperation）甚至是利他（altruism）行为，因为合作者或利他者将面临遭到背叛（defection）的风险。而一旦它们遭遇背叛，它们往往在竞争中处于劣势并将极有可能被自然选择所淘汰。著名的囚徒困境（prisoner's dilemma）很好地模拟了合作者与背叛者相互作用时的利益分配关系。

囚徒困境的经典案例如下：

> 法官分别提供给两个同时被捕的同伙一份承诺：如果他们两个人彼此合作，即谁也不坦白自己及对方的罪行或者说谁也不背叛对方，则法官将会因证据不足而只能将他们判刑一年；如果其中一个人屈服于法官坦白了罪行，而另一人却没有，那么这个坦白者（也就是二人中的背叛者）将被释放，仍采取抵抗策略而不肯坦白的那一方则将因对方的坦白而获刑三年；如果二人都坦白，则二人同时获刑两年。从整体上看，显然第一种结果是最好的，因为两个人一共获刑两年，而第三种情况是最糟的，两个人将一共获刑四年。但从每个囚徒的角度考虑，彼此合作的风险要大于背叛，尽管共同合作可以将刑期减到一年，但如果自己合作而对方背叛，则自己将获刑三年，而对方却被释放，合作者将冒很大的独自承担罪行的风险；如果自己和对方都背叛，自己至多被关两年，而如果自己背叛，对方却没有，那么自己将会被释放。因此背叛将使囚徒避免最长的判刑时间，这对他来说也是最好的背叛理由。由此看来，在这个两难推理中，背叛行为是相当合理的，而且是极有可能发生的，或许法官在证据不足的情况下正是利用这种策略迫使囚徒坦白自己的犯罪事实。

将这种情形推广到自然界中，让我们设想一个极端情况，一个完全由合作者构成的群体，一旦因突变或其他因素产生了拒绝合作的背叛者——寄生虫（freeloader）。这些不劳而获的家伙将在竞争中拥有更大的优势，因为它们不必付出太多代价就可以得到生存所需要的资源。因此对于合作者来说，寄生虫显然更具有竞争力。当合作者与背叛者相互作用时，背叛者更容易获利，如果背叛可以使背叛者获得更大的利益，那么背叛行为的出现将是必然的。如果背叛者更容易生存下去，它们获得同样是背叛者后代的机会就更大，那么自然界很快将被背叛者占领，任何合作者或利他者在与背叛者相互作用时都会处于竞争上的劣势，并极有可能在背叛者的侵略下面临灭绝。因此背叛是"进化的固定策略"（evolutionarily stable strategy）[①]。最终我们的世界将是一个完全由背叛者所组成的世界，完全不可能存在合作者或利他者。

虽然自然选择更看重生物个体的眼前利益，但假如它是只顾眼前利益的目光短浅的自然法则，我们的世界不可能是今天的样子。我们眼里的自然界的确存在这种因背叛而获利的物种或个体，但显然背叛者不是地球的主导者和统治者。事实上自然界中的合作和利他行为随处可见，最典型的就是生物体之间的共生（symbiosis）现象和动物的群居行为。鳄鱼和牙签鸟的故事已广泛地被人们熟知，人和身体里的大肠杆菌也是共生的。不只在生物个体层面，甚至在基因层面也存在这种共生关系。人的每个细胞都包含线粒体，但生物学研究发现，线粒体有自身独立的DNA和遗传体系，在形态、染色反应、化学组成、物理性质、活动状态、遗传体系等方面的线粒体都很像细菌，所以人们推测线粒体起源于内共生（endosymbiosis）[②]：原先独立生活的好氧细菌（aerobic bacteria）被原始真核细胞（eukaryote）吞噬以后在真核生物的共同祖先中繁殖，在进化过程中好氧细菌逐步丧失了独立性，并将大量遗传信息转移到了宿主细胞中，在长期互利共生中演化形成了现在的线粒体。共生的双方实际上既是合作的也是利他的，不过这种利他不是盲目的、无条件的利他，而是以利己为最终目的的利他——丹尼特将这种利他称为半自私（benselfishness）[③]。

---

① Dennett D C. Freedom Evolves. New York：Viking Penguin，2003：149.

② 内共生学说（endosymbiotic theory）。这是关于真核细胞中的线粒体和叶绿体这类细胞器的起源的学说。该学说最早由 Konstantin Mereschkowsky 于 1905 年提出，目前已被学术界广泛接受。

③ benselfishness 中的 ben 是 Benjamin Franklin（本杰明·富兰克林）名字的缩写。本杰明·富兰克林在 1776 年 7 月 4 日签署美国《独立宣言》时，对当时的国会议会主席约翰·汉考克（John Hancock）说："我们必须真正团结起来，否则，我们肯定会被一个个绞死"（We must indeed all hang together，or，most assuredly，we shall all hang separately）。丹尼特认为，本杰明·富兰克林这句号召人们团结合作的话在很大程度上是出于利己的目的而说出的。但这是一种独特的利己，因为其中掺杂着利他因素。这类有远见的合作是一种对双方都有利的共赢行为。为向伟大的本杰明·富兰克林致敬，丹尼特将这种合作行为中的自私称为 benselfishness，意为像本杰明那样的兼顾利己与利他的自私，作者将该词译为"半自私。"

达尔文本人虽然没有发现内共生这种基因层面的合作或利他行为，但他通过观察群居昆虫的生存状况也发现了合作和利他对于物种繁衍的重要性。蜜蜂会分工明确地一起合作，也会为了保护自己的家族而对入侵者进行自杀式的攻击。这说明在生物进化的历史长河中，大自然的确可以设计出这种为群体利益而共同合作且在必要时为群体利益放弃自我利益的利他行为，而这种行为也得到了自然选择的青睐（自然选择并不设计生物的特性，生物特性是自然出现的，并由于能够适应自然环境而得以保留了下来）。共生现象和群居行为说明，尽管竞争是自然界的基调，但生物体之间通过相互合作而彼此获益的情况仍然非常普遍。即使是个体的自我牺牲，也是为了群体的长远生存。自然选择不会对这种合作或利他的行为方式视而不见，它可以容忍这种为实现双方或群体的更加长远的利益而产生的行为方式。因此合作与利他的存在有其进化的合理性和必然性。

对人类而言，承担责任的训练就是我们在进化过程中的一种独特合作形式的结果。人类作为一个物种得以在地球上兴盛的秘诀是学习和传承文化的能力。文化无疑是人类社会的一个最重要特征。我们每个人都在文化的学习中掌握先辈的思想精髓和祖先卓越的发明技艺。我们不必重新发明火药或活字印刷术，我们的老师会将这些前人的技艺一一传授给我们，而我们也会将自己的发现和创新传递给我们的后人。我们在文化的传承中受益匪浅，我们的社会也在文化传承中发展进步。但传播文化本质上是一种合作行为。老师与学生之间需要相互合作。老师愿意无私地分享自己的技艺，而学生则愿意诚恳地跟随老师学习。如果不能真诚地建立这种合作关系，文化的传播也就不可能实现了。但是根据优胜劣汰的竞争理论，老师与学生之间也存在竞争关系，如果老师将自己的全部才能都传授给学生而学生也能全部掌握甚至有所创新，那么老师就失去了在社会中的竞争优势。因此，人类社会这种普遍存在的合作关系的出现需要我们做出特别的进化论解释。

三、合作与背叛的军备竞赛

在自然界，早期的原核生物（prokaryote）曾经统治了地球几亿年，直到某些原核生物发生了突变——相邻的两个原核细胞发生了碰撞并结合成具有新的生存技能的真核细胞。由于真核细胞具有竞争优势，于是很快占据了原先属于原核细胞的地盘。真核生物的繁荣要感谢原核细胞的那些不经意地碰撞，这种碰撞的发生实际上是促成了细胞之间一次产生意外收获的合作行为的出现。生命早期就存在的这种合作使合作的双方都获得更灵活的生存技巧，因此大量的合作者应运而生。不过进化论提醒我们，在生命发展的某个阶段必然会出现不劳而获的寄生虫，它们很快会表现出自身的竞争优势。因此，合作者群体必须进化出一种能力来避免自己的领地被寄生虫强占的恶劣后果。合作者与背叛者相互竞争的情形将一直伴随着生物的进化和发展。

对于合作者如何抵挡这些寄生虫的进攻以保持自己的生存希望，早期曾有学者提出了一些自己的看法。他们认为，如果寄生虫的比例持续增加，那么寄生虫之间相互作用的几率就会增加，如果没有足够的宿主，寄生虫也会面临死亡，因此在情况变得最糟糕时，寄生虫的数量开始逐渐减少，合作者的数量开始逐渐增多，最终合作者与寄生虫之间达到一种动态平衡。这类模型用来解释低等生物的状况也许还算得上合适，但随着生物复杂性和可塑性的增强，这些模型似乎遗漏了某些重要的东西。有一个例子可以很好地说明高等动物与低等动物在应对背叛者出现时的区别。

一群猴子被关在笼子里，笼子上方有一条拴着一根香蕉的绳子，绳子末端的机关与一个水源相连。当有猴子拿到香蕉时，与香蕉相连的绳子带动了机关，一盆水就会倾倒下来。尽管拿到香蕉的猴子享受了美味，但其他猴子都被淋湿了。这个过程一直重复着，直到猴子们发现了其中的奥秘。于是，有一些猴子自觉地行动起来，每当有别的猴子去拿香蕉，这些“志愿者”就会愤怒地去撕咬那只猴子。久而久之，猴子们产生了合作，再也没有猴子敢去取香蕉了。

这个故事印证了丹尼特的观点：早期的那种说明合作与背叛行为如何相互作用的模型的共同缺陷是它们故事的主角——那些合作者和背叛者都过于简单，它们“假定每个人都是健忘的；没有哪个个体有能力注意到正在发生的事情，他们不能发出警报，没有悔恨之心，没有奖惩的提议，他们不能形成一个具有警惕制度的群体来标记和惩罚他们中的寄生者[①]。”虽然归根到底人的合作行为也是所有生物合作行为的一种模式，但人的合作行为还有自身独特的进化条件。人作为一种具有反思和学习能力的智能生物，不可能像低等生物那样面对威胁毫无察觉和应对。而一旦自然选择的进化过程中出现了具有更高智能能力的高等生物，那些过于简单的模型就不能很好地模拟他们的合作行为了。我们需要认真思考人的合作与利他行为的进化过程，因为它们与人的责任和自由意志息

① Dennett D C. Freedom Evolves. New York：Viking Penguin，2003：200.

息相关。

从上面猴子的案例中可以看出，猴群在遇到个人利益凌驾于群体利益之上的情况时，会自动进化出一种保护群体利益的合作行为。这种合作既包括对群体利益的共同关注也包括对损害群体利益者的惩罚。非人灵长目动物已经具备的能力被它们的智能性更高的后裔——人类继承了下来。人是群居动物，像其他群居动物一样，群体成员间的合作也是群体生存和发展的必要条件，如果不断出现为一己私利而损害其他大多数成员利益的行为，将严重影响群体的生存和发展。因此当有不良行为出现时，群体中的受害者不会像盲目的原核生物那样对所发生的事情视而不见，他们会意识到事情的严重性，并团结起来共同抵制那些损人利己的行为。久而久之，群体内部就会形成一种约束成员行为的强制的合作规范，它要求群体成员共同遵守、相互合作，以便维护群体及其成员的共同利益，同时规范也将赋予遵守者更多的优先权或更大的利益，而背叛者将得到应有的惩罚。

适当的惩罚机制虽然可以迫使大部分群体成员遵守合作规则，但仅有行为规范和奖惩制度并不能保证全体成员的合作性，正如自然界的其他物种一样，人的生存本能和对个人利益天然的追逐本性决定了在面对巨大的诱惑时，想要全身而退并不是一件容易的事。这种自然本性决定了背叛者一定会出现。即使在一个原本都是合作者的群体中，如果有人有机会获得额外的好处而不被其他成员发现，那么这种收益大而代价小的行为就会在那些背叛者身上发生。试想在我们祖先的某个部落中，群体成员一起出去寻找食物，如果有人发现了一些野果但数量并不多，而周围恰好没有其他群体成员存在，那么他将面临独享这份食物的巨大诱惑：想想看，这有限的果子如果拿回去，每个人也许只能分到一点儿，既然是自己发现的，又没有别人知道，自己吃了或是藏起来也没有什么影响，就当做从来没有发现过这些东西。

如果想要杜绝这种损害群体利益的行为，我们的祖先就必须发展出能够识破背叛者诡计的能力，让那些伪装成合作者而实际却在利用大家的信任满足自己私欲的成员没有藏身之地。群体一定会特别青睐具有这种能力的个体，并鼓励其他成员在自觉遵守规范的同时不要被背叛者利用而成为助纣为虐的人。这样，背叛行为就会大量减少，绝大多数成员仍然会选择接受合作规范。不过，事情不可能是一帆风顺的。一段平静的时间过后，在诱惑面前把持不住自己的成员或者一开始就想不劳而获的成员又会重新出现，他们可以发展出更高明的伪装手段，更好地逃避识别者的检查。这样就开始了新一轮的“魔高一尺，道高一丈”的较量。这将是一场没有终点的军备竞赛（arms race），其结果是合作者的侦察与背叛者的反侦察能力的螺旋式上升。

人类社会成员相互合作的模式不像蜜蜂那样是纯粹由进化设计决定的。蜜蜂意识不到自己正在做的事是一种合作，它们也不会因高尚的利他行为而感到自豪，蜜蜂的一切行动都是进化的本能反应。但人有这样的意识和反思能力，能够察觉到身边出现的危险信号并对群体成员发出警报，能够制定全体成员共同遵守的行为规范和与此相关的奖惩机制，并且能够识别背叛者的可耻行径，人的合作与蜜蜂那般设计好的合作有重要的差别，人的这些高级能力的进化和发展标志着人类社会文化进化的大门已经打开。我们已经向自由意志的产生迈出了重要的第一步。

四、为成为合作者而进行的自我设计

如果人类社会中合作者与背叛者之间的军备竞赛不可避免，那么令背叛者心生畏惧的人也是群体更需要、更尊重的人。这些人就是那些既能与其他成员通力合作，又能在面对诱惑时自觉抵制的真正的优秀成员。人不可能一出生就拥有非凡的意志力，能够使自己远离各种诱惑——毕竟人的私心是一种天性，而我们拒绝诱惑的行为往往是一种与自然本性相违背的行为，我们放弃了眼前利益而选择更长远或更有利于其他人的利益——这种能力必然是在社会化的成长过程中，在我们的父母长辈、良师益友的帮助下逐步练就而成的。奖励和惩罚固然是必需的手段，但不是在所有的情况下奖惩措施都可以实施。那个独自发现野果的成员完全可以确定没有人知道他的所作所为，即使他独享了野果也不会受到惩罚，因为没有人知道野果的存在。那么还有什么力量可以约束成员实施合作的行为呢？或者说，在这类情境中的群体成员该如何抵制诱惑呢？

首先举一个极端的例子说明我们对于诱惑并不是无计可施。

众所周知，戒毒是一件很困难的事，无论吸毒者在他处于正常情况时如何许诺要戒掉毒品，一旦毒瘾发作他通常很难抗拒毒品的诱惑。对希望戒毒的人来说，他很清楚自己一旦毒瘾发作会变得失去控制，这时想办法让自己在那一刻无法得到毒品是他们唯一可以采取的措施。为了戒毒这个长远的利益，吸毒者必须提前想办法阻止自己对当下利益的追逐。因此在戒毒所里，工作人员会把毒瘾发作者绑在床上，让他熬过那段痛苦的时间。即使一个人成功戒毒了，他也面临复吸的风险，对于历尽艰辛戒毒成功的人来说，防止复吸最好的办法就是换一个新的环境来重新整理自己的生活，以避免再次受到毒品的诱惑。因此，如果不能确定自己有足够的意志力来抵制诱惑，就在诱惑到来之前做好充足的准备，采取有效的措施，强迫自己不受诱惑的摆布。这是我们为长远利益而进行的长远打算。

戒毒的案例是一个极端情况，更多的时候人们不会失控到只能依靠强制性手段才可以避免诱惑的程度。我们也不能总指望外力来帮助自己摆脱困境，我们还需要提出别的方法来阻挡诱惑。根据丹尼特的观点，我们在面对诱惑时，内心其实充满了思想斗争，我们抵制诱惑的行为也是经过一番讨价还价才完成的。想想囚徒困境的案例，每个囚徒在面对法官提出的条件时内心都会产生纠结的情绪，他们一定为是坦白还是不坦白进行过激烈的思想斗争，进行过充分的利弊权衡。无论每个囚徒最终做出什么样的决定，这些决定都不是轻而易举做出的，都伴随着合作与背叛、诱惑与反诱惑的艰难抉择。丹尼特指出，一旦我们的世界里出现了这样的状况：决定的做出是接受诱惑与拒绝诱惑两种内心状态进行斗争的结果，那么我们就进入了承载道德重量的人类自由意志的领域[①]。

在斗争的过程中，我们必须为实施合作行为提供非常充足的理由和不可抗拒的东西，才能保证我们会忽略眼前的诱惑。在这个问题上，丹尼特接受了罗伯特·弗兰克（Robert H. Frank）的观点，认为情绪在自我控制的过程中扮演了一个重要角色。当你实施某个行为时，你对这个行为的结果并不是麻木和毫不关心的，而是怀有各种感情。如果你的行为产生了好的结果，得到了大家的赞扬和认可，你会为此而欢欣鼓舞；如果你的行为损害了别人的利益或产生了恶劣的影响，你会为此感到羞愧和内疚。这样人们不仅会对已经发生的行为的结果产生各种情绪，还会利用自己的预测能力预见到没有发生的行为的情绪结果。例如，虽然有些话还没有说出口，但是你已经可以预感到这些话会激怒你的谈话对象；早上起床晚了，你拼命飞奔以便在上课铃响之前进入教室，这是因为你可以预见到由于上课迟到和老师的责备而产生的羞愧感。情绪成为人类对自己的行为实施控制以抵制诱惑的一个有效手段，它为个体产生合作意愿提供了坚实的心理基础。

上述问题关联到另外一个更根本的问题——如何成为一个真正的合作者？成为一个真正的合作者不仅要求你具有与其他成员合作的意愿，还意味着被合作者群体所接受。根据丹尼特的主张，成为一个合作者一方面涉及自己如何抵

---

① Dennett D C. Freedom Evolves. New York：Viking Penguin，2003：203.

制诱惑，另一方面涉及如何使同伴们相信自己的确是一个可靠的合作者。要成为群体中一个真正的合作者，你首先要成为一个半自私者——有自己的目的和私利，但希望通过合作来实现私利与他利的双赢。此外，你还要使大家都由衷地相信你是一个合作者。融入合作者群体并不是一件仅凭运气好就可以做到的事，只是表面地声称“我是合作者”并不能够取得其他成员的完全信任，因为善于伪装的背叛者也会大声宣布“我是合作者”。但背叛者的精心伪装或许可以暂时欺骗一些人，但不可能“在所有的时间欺骗所有的人”。由合作者构成的群体有能力判断一个成员是否是真正的合作者，因此要成为一个被合作者同伴接受的合作者，唯一的方式就是真正成为一个合作者，成为一个别人可以依赖的好人。你能够进入合作者的群体绝不是偶然，因为成为一个真正的合作者没有任何捷径，除非你的确表现出足够的可靠性和对诱惑的无动于衷。这必定不是一件容易的事，优秀的品质不是轻易伪装得来的。如果一个“合作者”不够可靠，那么迟早有一天会露出其本来的面目。

为了成为一个值得信任的合作者，也为了获得在社会生活中参与各种游戏的机会，我们必须接受一系列长期而艰苦的训练，以使自己具备合作者所应该具备的各种条件。这个训练过程始于我们的幼儿时期，我们不断被告知什么样的事情可以做，什么样的事情不能做，从最基本的不能随便拿别人的东西，到接受了别人的帮助要懂得感谢，等等。儿童的认知能力与他的道德能力一同发展起来，他们在认识数字、颜色的同时也接受了如何分辨好坏行为的教导。在做了好事受到表扬和做错事被训斥的反复过程中，儿童逐渐完成了基本的道德训练，发展出自己的责任心、责任感，也培养了自己承担行为后果、为行为负责的习惯。在这个过程中，语言能力的获得和语言交流的增加是我们开展道德训练的关键途径，也是区别我们的自由与其他生物自由的重要因素。儿童通过询问、回答、告知等一系列交流过程获取了必要的道德责任信息，并学会了将这些信息转化为下一次行动的参考内容。借助语言的教育过程是我们成为合作者的有效方法，我们必须从一开始就被教育为我们的行为负责任。“通过被赋予责任，我们学会了承担责任[①]。”

承担责任的过程实际上就是我们的自我设计过程，我们从不自觉地被赋予责任，到逐渐学会主动承担各种责任，这期间我们的自我控制能力越来越强，抵制诱惑的方法也越来越多。直到我们已经可以熟练地运用自己的认知能力对

---

① Zawidzki T. Dennett. Oxford：Oneworld Publications，2007：121.

自己的行为加以约束，我们最终被训练成一个完全可以为自己的行为负责任的人。我们越能更好地控制自己的行为，越能更好地承担责任，就越能成为一个优秀的合作者，从而获得的自由也就越多。我们之所以比其他生物更自由，正是由于我们具有更强的认知能力和控制力，我们更了解自己和我们生活的环境，我们有更多的手段去实现我们的目标。在这种意义下，我们是自由的，我们具有自由意志，不过这一切都与我们是否是决定论系统无关。

第三节 小 结

总之，丹尼特对自由意志采取了相容论立场，即认为自由意志与决定论是相容的。不相容论者对与自由意志相关的自我控制、理性和可避免性概念的理解完全是一种不正常理解。这些概念都是属于非物理立场的概念，不相容论者们从物理立场对它们进行分析是犯了“范畴错误”。实际上，这些概念是对低层的物理事件进行的更高层次的描述，它们展示出物理的决定论过程所具有的意义和模式，我们绝不能将不同层次的概念放在同一个层次下进行考察。

此外，自由意志同意向性和意识一样，也经历了从无到有的演化过程。生物体的自由来自于它们在进化过程中所获得的更好地应对自然环境的能力，也就是说，生物体的适应力越强，面对环境问题时的选择就更多，因此它的自由度也就越高。这种自由是在自由漂浮原理下产生的不具备反思能力的自由，尽管它们的自由程度相对有限，但却是人类自由的基础，人类自由正是在这种基本的生物学自由的基底上诞生的。自由并不是人类特有的心智现象，任何能够以灵活的方式应对自然环境变化的物种都是具有自由的。不过人类自由也有自己的独特性，它不仅来自于因生存压力而被迫产生的合作需要，还来自于因人类主动希望成为合作者而接受的承担责任的训练。承担责任的能力是人类获得自由意志的前提，只有能够更好地承担责任，在犯错之后甘愿接受惩罚的人类成员才能得到群体所给予的选择权，也才能拥有属于自己的自由意志。人类对自己的控制能力越强，对自己的自我设计越完善，人类的自由程度就越大。

第六章

丹尼特认知理论的定位与特征

总体上看，丹尼特心智与认知哲学的基本目标是协调人的科学形象与外显形象，或者说协调人的科学概念与人的自我概念。为了实现这个目标，他首先主张心智研究的本体论唯物主义（ontological materialism），取消心理说明中的神秘和超自然因素，以便为心灵“去魅”。进而主张心智现象解释的方法论唯物主义（methodological materialism），强调将心智和认知现象纳入科学解释范围的必要性。同时，他又极力反对“概念唯物主义”(conceptual materiakism) [①]或“取消主义”立场，认为我们的自我概念可以得到辩护，它们不应当被取消或替代。因此，丹尼特的目的非常明确，就是希望构建自然化的心智与认知哲学理论，以自然主义的、科学的、客观的方式解释人的心灵和各种认知能力。

不可否认，心智的自然化是一项艰难的工作，它远比主张二元论（设想一个充当“中心控制者”的神秘力量）或取消论（不必费力去做自我概念的解释工作）要困难得多。丹尼特必须为他的自然主义工程搭建一个有效的工作框架，并且为这个框架找到一个合适的切入点或工作起点。他的工作框架就是对意向性、意识和自由意志这三种他认为最重要的认知现象进行科学客观地解释。当然，每种认知现象的自然化都不是件易事。

① 概念唯物主义较之本体论唯物主义和方法论唯物主义而言是一种比较极端的唯物主义立场，取消主义是概论唯物主义的主要形式。关于这三种唯物主义的基本观点和相互关系，参见罗姆·哈瑞（Rom Harre）所著的认知科学哲学导论一书（上海科技教育出版社，2006）。

意向性与意识的关系相当密切，大多数学者都主张，意向活动是有意识的活动，只有在有意识的情况下才能具有意向状态，因此必须在认识意识的基础上认识意向性。但丹尼特主张，意向性才是更加根本的心智现象，虽然不能简单地认为“意向性是心灵的标志”[①]，但相较于意识和自由意志而言，意向性更早出现在自然界。作为一种指向他物的能力，它是生物有机体关涉生存环境和生存资源的基础。如果意向性与意识纠缠在一起，会使得意向性被其他更令人困惑的问题包裹起来，意向性的研究工作就更难推进。只有将两者剥离开来，才能使意向性更容易得到自然化的解释。不仅如此，意识和自由意志在丹尼特看来也属于某种形式的意向状态。因此，丹尼特的工作切入点是意向性的自然化，思路是先建立意向理论和意向性的“小人功能主义”进化模型，再以意向理论和进化理论解释意识和自由意志。

第一节　丹尼特认知理论的定位

总体上看，丹尼特一方面继承了赖尔的逻辑行为主义，重视外部行为与行为倾向，反对将心灵神秘化；另一方面，他又接受了功能主义的可多重实现性（multiple realizability）论证，将心理状态看做是具有各种内部倾向性的功能状态。因此，丹尼特的心智和认知理论是逻辑行为主义与功能主义的结合体。

一、逻辑行为主义

哲学史上出现的心智理论大致可以分为两个阵营，一个是笛卡儿式理论，包括二元论、同一论、功能主义以及心的表征理论。后三种理论都是一元论，之所以将它们与二元论归入一个阵营，是因为它们与二元论一样，都诉诸内部因素来说明人的心智。这样，关于身体内部状态的判断比我们日常基于外部表象的判断更重要，内部的事实是决定性的[②]。例如，决定马之为马的是马的内部结构，而不是马的外形和行为，驴和马的外形很像，行为方式也很相似，但驴和马是两个不同的物种，这是因为马的内部结构与驴的内部结构不同，马的细胞核内有 64 条染色体而驴有 62 条，因此它们不是一个物种。对于人来说，心理现象的内部状态比外部行为重要，尽管我和你可能作出同样的行为，但由于

① 这是哲学家布伦塔诺（Franz Clemens Brentano）的观点。

② Elton M. Daniel Dennett：Reconciling Science and our Self-Conception. Cambridge：Polity，2003：19.

我们的内部状态不同，因此我们的心理状态就不同。换句话说，我们从不同人的外部行为的一致并不能推知他们内部心理状态的一致。

另一个阵营是行为主义理论，以维特根斯坦、赖尔和奎因为主要代表人物。行为主义认为，我们关于内部状态的判断是无关紧要的，内部的细节并不决定某物是否是一个有意识的理性行动者。例如对于钟表来说，决定它是一个钟表的因素不是它的内部构造怎样，而是它所做的工作，只要它能告知我们时间，它就是钟表，无论它是由什么材料以什么方式构成的。因此，与笛卡儿式理论借助内部事件和过程来说明心理状态不同，行为主义主张公开的行为和行为倾向是决定人之为理性行动者的因素。说一个人处于疼痛的状态中不是要表明在他身上发生了某种不可观察的过程，而是要声明这个人倾向于做出某些行为，如呻吟、抱怨等。行为主义策略主要是在强调当我们使用心智概念时，我们不是在指称内部正在发生的事情，而是指向倾向和能力，具有一个思维或经验就是要倾向于以特定的方式行动。由于行为主义主张任何心理语句都可以被还原为一组描述行为或行为倾向的行为语句，因此这种行为主义又被称为逻辑行为主义。他们相信，“如果我们充分了解外显形象的逻辑，以及我们用以谈论意识、思维、责任、心灵和人的语言的逻辑，我们会发现它与科学形象的语言是相容的[①]。”

逻辑行为主义重视行为的策略使得他心问题很容易得到解决。我们不必知道关于他人的内部状态，只要他的行为表现出合理性、丰富性和灵活性，只要他能与我进行符合逻辑的语言交流，我们就认为他是有心的。“一个生物之所以具有心灵，不是因为它具有某种特定的私人要素，而是因为它能够从事那些表现其自发性和相对复杂的结构的行为[②]。”就像揭穿某人是一个说谎者的方式不是要看他的内部状态，而是要仔细长期地观察他的各种行为。

逻辑行为主义强调行为和行为倾向的重要性而否认心灵的内在状态的作用的做法使得该理论饱受诟病，普特南曾提出著名的“完美伪装者论证”（perfect pretender argument）和“超级斯巴达人论证”（Super-Spartan argument）来反驳行为主义[③]。尽管行为主义存在许多问题，但有一点是它的重要贡献：逻辑行为

① Zawidzki T. Dennett. Oxford: Oneworld Publications，2007：25.

② 约翰·海尔. 当代心灵哲学导论. 高新民，殷筱，徐弢译. 北京：中国人民大学出版社，2005：61.

③ 完美伪装者论证的要点是一个人可以表现出具有某种心理状态时应有的行为，但实际上却并不具有该心理状态；超级斯巴达人论证的要点是一个人可以在具有某种心理状态的情况下不表现出任何通常与该状态相关联的那些行为。以“痛”的心理状态为例，完美伪装者可以在不痛的情况下作出痛的行为，而超级斯巴达人则可以在痛的情况下不表现出任何与痛相关的行为。

主义指出，笛卡儿将心灵看作是物理实体之外的另一种实体，心理现象是物理现象之外的另一种能够作为事件发生之原因的因素，这种思路本身就是错误的。通过对笛卡儿式的心灵概念进行深入分析，赖尔指出笛卡儿没有抓住普通人使用心智词汇的真正含义，他的心灵理论具有极大的误导性，是心智现象神秘化的根源。赖尔对笛卡儿的心智理论进行了猛烈抨击，他把那些神秘而不可观察的内部的状态和过程称为“机器中的幽灵”。这些幽灵是使自我概念难以科学化的根源。如果人们真的期望大脑内部存在一个中心或一个意识，那就落入了笛卡儿陷阱。

作为赖尔的学生，丹尼特思想深受逻辑行为主义理论影响。他的心智理论在两大方面体现出行为主义风格。一方面，他接受赖尔等人的主张，摒弃一切超自然的、神秘的（mysterious）概念，并强烈批判笛卡儿引入精神实体解释心智现象的做法。从第四章的内容我们可以看出，丹尼特在进行意识的解释工作之前，首先对笛卡儿的意识模型和该模型中的“自我”、“剧场”等概念进行了批判，他认为笛卡儿那种能够洞察一切，决断一切的内部“小人”和灵魂珠——自我，以及为自我审视意识经验而特设的信息汇集场所——剧场，正是赖尔所指的“机器中的幽灵”。大脑内部根本不存在一个无所不能的“自我”，也没有任何地方可以充当意识的“剧场”。笛卡儿的这些概念只能使意识看起来更加神秘。

除了本体论问题中的“幽灵”，丹尼特还否认意识现象的一个重要而神秘的特性——感受性（qualia）。许多哲学家认为，我们的意识经验能够带给我们独一无二的主观体验，这是由于意识具有感受性，意识的感觉拥有质性特征。而丹尼特认为，“感受性”只是一种幻觉，这个概念并没有描述更多的意识特征，反而为意识现象包裹了一层神秘外衣。无论是感受性还是哲学家构想的缺乏感受性的“僵尸”（zombie）都是不存在的。如果我们想要彻底解释包括意识在内的各种心智现象，就必须为这些自我概念“去魅”——剔除围绕在它们身边的那些神秘的、令人困惑的、不能进行科学解释的要素，保留自我概念最核心的内容。只有这样，才能使自我概念既体现人的精神内容的与众不同，又能够易于进行自然化的解释。

另一方面，除了在为自我概念“祛魅”的问题上借鉴了行为主义的理论外，丹尼特的意向理论也透露着他的行为主义渊源。他曾指出，意向立场的采用和意向状态的归属是在使系统行为有意义的基础上发生的，要使一个系统成为意向系统，我们需要做的不是观察系统的内部状态如何，而是在观察其行为的基础上找到可以使其行为合理化的方法。我们通过对一个系统采用意向立场、为系统归属意向状态而使其成为一个理性行动者，我们将其行为当做是具有意向模式的。因此，只要系统的行为可以通过采用意向立场来解释和预测，我们不必关心该系统的内部构造如何，就算它与我们人的内部构造毫无相似之处，只要其行为可以被意向立场预测，该系统就是意向系统，它所具有的意向性就是实在的。丹尼特最钟爱的例子是下棋计算机，他一直将下棋计算机作为非人意向系统的最佳代表。当我们为下棋计算机归属意向状态时，我们不必关心这台机器的内部结构如何，这一点已经不再重要了。我们只关注它的具体行为是否合理，它的每一步棋是否可解释、可预测。只要它具有成为意向系统的基本条件，我们就认为它是在根据自己的意向状态进行活动，它真的具有“信念”，是一个“真正的信念者”（true believer）。这绝不只是隐喻。

各种生物体的生命活动同样可以通过意向立场进行解释和预测。即使最低等的生物也有新陈代谢活动，也懂得趋利避害。能够在价值判断的基础上做出各种捕食或逃避的行为，这本身就代表了它们的行为不是毫无目的的，它们有自己的愿望和诉求，哪怕这种愿望简单到仅仅为了“复制自己”。当我们观察这些鲜活生物体的生机勃勃的生命活动时，我们不必在意它是一个原核细胞还是一只智商很高的大猩猩，只要它的生命行为可以从意向立场进行解释和预测，我们就可以理直气壮地认为它们同我们人类一样具有各种意向状态，它们也是“真正的信念者”。

对丹尼特来说，一个系统是否具有意向状态，对该系统采用意向立场的解释和预测策略能否成功，并不依赖于对象系统的内部结构如何以及它是否具有特殊的历史，而是依赖于它是否能够表现出特定的行为模式。也就是说，系统曾经的状态以及当下的状态都不重要，重要的是系统是否以某种特定的方式行动，其行为是否具有特定的倾向性。如果系统行为能够持续地表现出一定的模式或倾向，那么意向立场的采用就是成功的，意向立场通过归属意向状态可以辨别出系统行动的模式和倾向。如果系统行为完全不可预测，那么系统行为就不具有模式，反之亦然。因此，行为而非内部状态，对一个系统是否表现出心智能力来说才是至关重要的。

值得注意的是，虽然丹尼特是逻辑行为主义的典型代表，其理论也充分印证了对他的逻辑行为主义定位，但他与传统的逻辑行为主义者（如维特根斯坦和赖尔）有一些不同。首先，丹尼特并不否认心理状态真实存在，但他反对将心理状态看做是大脑中的实体。他认为心理状态如信念、愿望等，并不是细胞、病毒那样的存在，拥有一个信念也不是感染了一种病毒，细胞和病毒都是物理立场中的实在；而心理状态是一种更高层次的存在，虽然它的确需要大脑过程作为实现基础，但它并不能还原为大脑的神经生理过程或状态。心理状态是意向立场中的实在，这种观点使丹尼特既不同于行为主义中的取消论者（如赖尔），也不同于行为主义中的还原论者（如亨普尔），该思想的产生在很大程度上“得益于奎因关于意向用语在科学中的位置和科学作为本体论仲裁者的地位等问题的论证[①]。”

其次，丹尼特主张将科学研究成果与哲学反思相结合来解决心智问题。丹尼特的老师奎因是“哲学自然主义”立场的先驱者，该立场一直对科学持热烈欢迎的态度，并认为对人的科学研究与对人的哲学探讨是紧密相关的。丹尼特接受了奎因的自然主义观点，他从一开始就对各种与心智有关的科学研究充满兴趣，一直关注人工智能、神经生理学、脑科学、生物进化论以及心理学方面的研究进展，并实际参与到这些研究人员中间，通过与他们的讨论来获得更多有关大脑构造与机制的信息。他曾亲自参加人工智能研究小组的工作，也曾随病理学家进行临床医学观察。丹尼特发现，这些从事科学研究的学者们所提出的理论和观点十分新颖，且很有见地。如果我们能够充分吸收这些科学研究成果，把它们进行综合、加工和提炼，并附以适当地哲学分析和反思，我们应该能够比进行纯粹的哲学思辨更容易发现心智的奥秘。丹尼特曾对赖尔等人轻视科学研究的做法感到遗憾，并认为赖尔行为主义理论的主要缺陷就在于他没有将心智现象纳入科学考察的范围内，虽然赖尔认为我们的心理话语与关于人的科学话语是相容的，但在缺乏科学理论支持的情况下，他不可能提出两种话语如何能够相容的具体策略。丹尼特试图通过考察大脑的神经机制的进化过程来解释人的各种行为倾向和行为能力如何可能通过自然选择进化而成。[②]

总之，丹尼特对逻辑行为主义和哲学自然主义的整合对他实现协调人的两种形象的目标起了至关重要的作用。逻辑行为主义给了我们削弱人的外显形象的工具：如果我们认真地关注我们关于心的那些谈话的逻辑，我们会发现它并不是我们认为的那样一个超自然的领域。自然主义给了我们工具去重视自然的神奇和复杂：如果我们认真去关注当代神经科学、人工智能和生物学，我们就会看到自然并不像我们认为的那样乏味。于是，得益于逻辑行为主义对我们关

---

① 丹尼尔・丹尼特 . 我的哲学研究综述 .// 欧阳康 . 当代英美著名哲学家学术自述 . 北京：人民出版社，2005：119.

② Elton M. Daniel Dennett：Reconciling Science and our Self-Conception. Cambridge：Polity，2003：13.

涉心的语言的逻辑进行的深入研究，我们意识到我们不像许多人认为的那样超自然；得益于自然主义对科学的尊重，我们意识到自然比许多人认为的要神奇得多。

二、功能主义

丹尼特虽然像行为主义者那样认为外部行为和行为倾向在研究心智现象过程中具有重要作用，但并不同意行为主义者将心理语句还原为行为语句的做法。在他看来，我们的心理状态不仅能够引起外部公开可见的行为，还能引起内部一系列其他的心理状态和心理倾向。例如当我们在描述手被针扎后的“疼痛”时，行为主义只将“疼痛”还原为一组行为语句，如“低声呻吟”，“迅速将手抽回”，“皱起眉头”等等。但实际上，与“疼痛”相关联的倾向还不只这些，除了行为，它还可能使我们回想起过去被针或其他尖状物刺痛的经历，引起心中的烦躁，打断我们正在冥想的事情等。这一组心理事件的发生也是“疼痛”之为“疼痛”的必要条件。因此，丹尼特主张“疼痛”在回应感觉输入、导致外部行为输出以及激发其他内部精神状态方面都起到了重要作用。这正是功能主义的基本主张。

丹尼特还接受了功能主义的“可多重实现性”论证，认为像“疼痛”、“信念”这样的心理状态虽然必须借助神经生理过程来实现，但一个神经生理过程并不必然是一个“疼痛”或“信念”状态。不同的生物体具有不同的神经生理机制，因此它们实现疼痛感的生物学基底也不尽相同；即使是同一种生物，不同个体之间产生疼痛的生理过程也未必完全一致。因此，一个神经生理过程或一个生物化学过程是否成为“疼痛”并不取决于该过程的生物学特性如何，而是取决于该过程在一个更大的生物组织的背景工作中所扮演的角色。丹尼特曾坦言，“我的内容理论是功能主义的：内容的一切归属都要依据对有关条目在有机体的生物经济学（或机器人的工程经济学）中的功能角色作出评价①。”

功能主义思想在丹尼特的心智理论那里有很好的体现。在他的意向理论中，他始终坚持意向性是一种功能特性。一个大脑神经过程之所以被称为一个信念或一个愿望，不是因为该神经过程具有什么本质属性，而是由于它所扮演的功能角色——它在理解人的外部行为的意向立场理论或民间心理学理论中发挥了

① 丹尼尔·丹尼特．我的哲学研究综述.// 欧阳康．当代英美著名哲学家学术自述．北京：人民出版社，2005：105.

重要作用，它与其他神经生理过程共同、整体地作为一个理论解释对行为的合理性给予了说明。拥有一个意向状态并不像感染了病毒，没有一个信念的实体坐落在大脑的某个角落处，一个信念也不必然对应于一个大脑结构。每一个神经生理状态都不能孤立地成为一个意向状态，它必须与其他神经生理状态发生联系，在系统的刺激输入与行为输出中起到某种功能作用，才能被看做一个信念或愿望。任何内部状态只要扮演了合适的功能角色，都可以被认为是意向状态，无论这种内部状态的底层机制是否与人的神经生理机制相一致。

下棋计算机的信息处理状态可以作为它的意向状态，只要这些意向状态能够解释和预测下棋计算机的下棋行为；植物的生物学过程也可以实现意向状态，只要这些意向状态能够合理地解释“秋天落叶、春天发芽”的生物学行为，我们就可以为植物归属信念和愿望；更高等的动物和人也是一样，它 / 他们具有信念并非由于它 / 他们所具有的高级中枢神经系统，而是信念在评价和合理化它 / 他们的行为的过程中起了关键作用。

尽管功能主义使得机器人可能成为一个有思维的理性行为者，并因此而受到质疑，但它实际上并不保证这一点。许多反对功能主义的人认为功能主义是一种自由主义，它使得一般人眼中根本不具有心智的东西也能够具有心智能力。但在丹尼特看来恰恰相反，功能主义自由得还不够。如果功能主义放弃注重内部事实的思维模式，忽略系统究竟由什么成分构成，转而关注该系统能做什么即它的外部行为，那么对心智的限制会进一步放宽。丹尼特主张，只要一个事物，无论是人还是动物或机器，只要他 / 它的行为使我们不得不借助意向立场来解释，只要我们把信念或愿望这样的意向状态归属于对方，就可以使他们的行为得到合理的解释和预测，我们就认为他 / 它具有意向状态从而具有思维。下棋计算机与人都有思维能力，只是一个用机器脑思维，一个用生物脑思维。虽然完成思维任务的机制不同，但两者并没有本质上的区别。

意识也是一个功能特性。来自外界的刺激会激活我们大脑中的许多神经元，这些神经元携带不同信息，形成许多内容各异的“草稿”。但这些草稿并不必然成为我们意识的一部分，它们不能单独、孤立地成为一个意识经验，哪些草稿是我们意识到的内容取决于它们在一个更大的神经元网络中的功能地位。这些草稿会在这个网络中扮演一个角色，它们可能会进一步激活我们的记忆、情绪、语言等，也可能为其他后续的草稿所激活或加强。草稿相互竞争，是为了取得对大脑后续状态以及人的后续行为或语言的控制权。任何一个大脑神经生理状态都要具备一定的功能才能成为有意识的经验。只有与其他生理状态发生联系，对语言区或行为控制区的激活产生较为长久的影响的那些草稿才是我们的意识。

除了“多重草稿模型”，我们还可以通过丹尼特对疼痛的实质（nature）的分析来进一步了解他对意识的功能主义解释。疼痛是一种强烈的主观体验，那些赞成感受性存在的学者认为疼痛的感觉经验显然有是质感的，它有内在的固有特性，使得它不同于其他的感觉经验。疼痛的这种质性特征无法通过功能主义理论得到解释，因为我们不能想象计算机或“中国脑”（China brain）① 也能感觉到疼痛，尽管这些系统或许能够满足功能主义列出的具有疼痛感的条件。

在丹尼特看来，感觉经验中存在质性特征是一件不可思议的事情。如果每个疼痛的经验中都存在某种内在的东西使得疼痛不能为人们所忽视，那么我们似乎就没有什么方法可以减轻疼痛，每当疼痛到来时我们马上就能经验到它。但这并不是实际情况。很多时候能够造成疼痛感的情况已经出现了，但我们却没有意识到疼痛，这是很可能的。想想你正在专心做某件事情，比如全神贯注地看一本特别吸引你的小说，在翻书的时候你不小心被书页划破了手指，但你太专注于书的内容了，以至于根本没有注意到你的手指破了。在日常生活中，类似的情况经常会出现，你可能不经意间发现自己的身上有了些小伤口，却不知道它们是怎么形成的，你也没有意识到这些伤口给你带来的疼痛感。

疼痛的感觉如何其实在很大程度上受人的心理因素影响。人类的自然分娩过程是一个非常痛苦的过程，为了减轻女性在分娩时的疼痛感，法国医生拉玛泽（Lamaze）发明了一种心理助产法，它教导孕妇在怀孕后期开始自动使用神经肌肉控制运动、呼吸技巧，让她们对于分娩过程有正确的认识和态度，克服心中的恐惧。在生产时，产妇如果能够专注于肌肉运动和呼吸过程，并认识到自己并不是在遭受分娩的痛苦而是在经历创造一个生命的神奇过程，这样就可以转移产妇的注意力，从而达到减轻疼痛的目的。此外，音乐助产法也在临床上取得了不错的效果。

这些案例说明，疼痛的实质并不像感受性拥护者（qualophile）所主张的那样是一种具有质性的经验，即便不承担任何功能角色，也能独立地为人们所体验到。试想，如果疼痛信息从来就没有达到足以影响我们记忆、情绪或行为的地步，我们还能说我们意识到疼痛了吗？换言之，那些没有为我们所意识到的疼痛还是疼痛吗？丹尼特认为，疼痛是一个功能特性，“如果我们从疼痛中除去

① “中国头”是布洛克（Ned. Block）提出的反对功能主义的思想实验。他设想我们已经找到了“痛”的功能角色，或者写出了“痛”的执行程序。我们给每个中国人配备一个收发机用来接收指令和执行程序。当由所有中国人共同执行的“痛”的程序完成时，“痛”的感觉也就实现了。“中国头”能感觉到痛！详见 Block N. Readings in the Philosophy of Psychology，Vol.1. London：Methuen，1980.

我们做出的厌恶的行为，我们过去曾受罪的记忆，未来还可能受罪的预期，对疼痛可能如何影响我们将来的工作的担忧，我们焦虑的紧张感和冲动的反应，那么疼痛就什么也不剩了[①]。”

使疼痛之为疼痛的不是什么内在的孤立的元素，而是其在更广阔的心理、生理网络中所扮演的角色，疼痛是一个功能特性，它是被其他因素共同决定的。所谓的感受性根本就不存在，任何感觉经验呈现给主体的样子都是功能地被定义的。离开了与记忆、情绪、语言、行为等其他认知状态的关系，感觉信息就不可能在大脑草稿的竞争中获得优势，从而也不可能被提升为我们的意识经验。意识是大脑的功能特性。

总之，丹尼特的心智理论是典型的功能主义理论，而且在第三章中也已经提到，他对意向能力的解释属于一种“小人功能主义”理论。“说明一个看起来具有奇迹般能力的智能意向系统的方式是把它分解为一个有等级结构的队列，由越来越愚鲁的意向系统组成，最后在一个愚鲁的机械组织中卸去了一切智能[②]。”至于究竟在什么地方出现了第一个意向系统，这不是一个能够得到满意回答的问题。因为智能的程度是逐渐增加的，我们不能确定具备了多少意向能力的系统就是一个名副其实的意向系统，我们不能给出这样的标准。但我们必须承认，当某个系统不得不用意向立场策略进行解释时，该系统一定真正具备了意向性。

第二节　丹尼特认知理论的特征

从理论划分的角度来说，丹尼特的心智哲学体系是逻辑行为主义与功能主义的混合体。除了这两方面的宏观定位，他的理论还具有一些微观特征，主要包括以下三方面：自然主义、反本质主义以及非还原论。

一、自然主义

在前面的内容中，我们已经涉及了丹尼特理论的自然主义特征。在本节中，我们将从本体论的自然主义、认识论的自然主义和方法论的自然主义三个方面

---

① Thompson D. Daniel Dennett. New York：Continuum International Publishing Group，2009：41.
② 丹尼尔·丹尼特 . 我的哲学研究综述 .// 欧阳康 . 当代英美著名哲学家学术自述 . 北京：人民出版社，2005：108.

来具体阐述丹尼特的自然主义心智观。

在本体论方面，丹尼特的自然主义表现为他对唯物主义的坚持。与其他本体论自然主义者一样，丹尼特从不相信自然界存在任何形式的不能依自然规律和自然法则说明的神秘物和超自然物。他反对笛卡儿的“自我”概念，这并不是因为他否认“自我”存在，而是他认为笛卡儿式的“自我”——作为一个精神实体、一个中心决策者、一个万能的“小人”的“自我”是不存在的，因为这样的“自我”根本无法融入自然科学的因果链中。也就是说，笛卡儿的“自我”是一个不能也无需借助物理规则来说明的神秘物，丹尼特所反对的正是这种意义的“自我”。对丹尼特来说，“自我”不是一个真实实体，而是一个理论实体，是因叙事的需要而构建的一个“属性承担者”，它的存在不是因其占有真实的空间，而是因为它对于理论的成功有所帮助。由于同样的理由，丹尼特也反对笛卡儿的“剧场”概念和“意识”概念，以及那个只有哲学家才明白其意义的“感受性”概念。在丹尼特看来，它们都是神秘的、超自然的东西，它们的存在不符合自然主义的一元本体论立场。在对自由意志进行论述时，丹尼特反对凯恩（Robert Kane）的自由意志论，因为凯恩为自由意志的实现引入了某些不为人知的神秘因素，某些不遵循决定论法则的超自然因素，丹尼特认为无论这些因素是什么，如果它们不遵守决定论的因果规律，就是不能为我们所接受的。

不过丹尼特的本体论自然主义在物理主义者看来具有妥协性和不彻底性，他承认存在多层次实在性的观点已经不是物理主义者所坚持的本体论立场。尽管丹尼特坚信世界最终只有一种实体——物理实体，但他同时承认那些对于理论建构有重要意义的理论实体以及自然界所表现出来的规律性——模式或功能也是实在的，只不过它们是另一个层次的实在。物理重心是实在的，因为重心对于经典物理学的成功意义重大；信念是实在的，因为它对意向理论的成功意义重大；模式是实在的，因为它对解释和预测自然事件的发生意义重大。在解释生命活动时，如果我们只能看到物理立场层次的分子甚至原子，看不到由之形成的组织或结构，我们就不能说明生物体的生命行为，因为组织或结构的功能不能还原为它们的构成成分的功能。我们在本体论问题上要避免“只见树木，不见森林”。说到这里，我们就不难理解丹尼特的无神论思想了。那个至高无上的上帝已经明显超出了科学可以解释的范围，而且上帝的概念对于任何自然科学理论的成功建构都没有辅助作用，因此上帝或其他任何形式的神灵都是不存在的。

在认识论方面，丹尼特是经验论和可知论者。心智哲学界有相当一部分哲学家都对我们能够揭开心智之谜持怀疑态度。他们中的一些人由于找不到适当的方法对心智进行自然化解释，就干脆将心智当做不能为科学所研究的对象。二元论与取消论都是这种思路的产物，虽然两种观点大相径庭，但它们有一个共识，那就是人的科学形象与人的外显形象无法协调。只不过二元论采取了保留心智现象，放弃科学形象的路径，将心智看做是与物理实体不同的精神实体的特征；取消论则选择保留人的科学形象，放弃心智现象以及协调的可能性，直接将心智现象取消掉。内格尔的“蝙蝠论证”更使不可知论观点达到了一个新的高度。丹尼特在这个问题上是积极乐观的，他反对心智现象不能被科学解释的不可知论立场。从他多年来的认知研究工作可以看出，他始终坚信心智问题可以得到解决，心智现象可以被解释，人类终有一天可以在这最后一个难题上取得突破和进展。丹尼特甚至嘲笑那些不可知论者是胆小鬼，认为他们没有勇气承担破解人类心智之谜这项艰巨的任务。

当然，发现心智的奥秘不能依靠单纯的内省和纯粹的思辨，一切对于心智现象的经验研究都是非常重要的，我们只能从这些经验研究的成果中获取各种证据，来支持我们对于心智或大脑机制的各种猜想与推测。在丹尼特看来，行为主义抵制心智的经验研究的做法是他们失败的主要原因，因为缺少经验支撑的理论其根基不可能牢固。对丹尼特来说，我们对心智现象认识的深入和心智知识的增加都来自经验研究，“丹尼特将认知科学看做是我们的心智理解取得进步的源泉，是我们知识积累的源泉[①]。”

在方法论方面，丹尼特坚持以自然科学的第三人称方法，借助生物学、神经生理学和人工智能等学科的理论，诉诸自然过程和自然事件来说明各种心智现象。他关于意识研究的“异现象学”方法和他对心智现象的进化论解释是他的自然主义方法论的主要体现。丹尼特认为，如果意识经验不能以某种客观的、公开的、第三人称的形式出现，而永远是第一人称的、主观的经验，那么我们对意识的研究就不能取得任何进展。通过“异现象学”方法，我们可以在保持主体权威性的基础上将主体所经历的意识经验转化成文字记录材料，这些材料公开可见、可重复、可作为科学研究的对象。我们对这些代表意识经验的文字材料进行解释，在此基础上构建有关意识产生机制的理论，就可以说明主体意识的主观特征究竟如何形成。运用“异现象学”方法，意识现象完全可以成为

① Dahlbom B. Mind is Artificial.// Dahlbom. B. Dennett and his Critics：Demystifying Mind. Oxford：Blackwell Publishing，1993：163.

科学研究的对象，通过意识的科学研究，我们最终可以解决“意识究竟是什么”这个难题。

至于人的各种心智能力究竟如何产生，这需要根据进化理论来进行阐释。虽然人类拥有其他物种无法企及的智能性，但从进化的历史进程看，人的这种独特能力显然不是一步到位的。作为最原始的生命形式的直接后裔，我们的智能能力必定是从其智能性不及我们的那些祖先物种那里获得的。无论是意向性、意识还是自由，都不是人类所独有的精神特质，最原始的原核细胞生物也有意向性，也有做事的理由，它们的意识能力尽管不具有反思性，但也具备了人类意识的某些要素，它们也有一定程度的选择自由。这一切心智能力的配备都只为一个目的——生存，生存压力是我们人类的生物学祖先们一步步进化出越来越强大的心智功能的原动力。因此，我们要对心智进行自然化解释，就不得不着眼于心智在增加人的生存竞争力方面起到了哪些重要作用，只有这条进化论进路，才是我们实现理解心智目标的最佳途径。

二、反本质主义

本质主义认为事物都具有某种使其成为该事物的必然属性或本质属性，正是这种本质属性明确了一事物所归属的范畴或类型。在心智哲学中，本质主义理论相当盛行。除了前面提到的笛卡儿的二元论，福多的思维语言假设也是一种本质主义理论。此外，凡是认为在有心灵与无心灵之间存在明显界限的各种理论假说也都是本质主义理论，因为它们都默认存在一条心灵的分界线，一事物要么是有心灵的、要么是无心灵的，不存在任何的中间形式。也就是说，在是否具有心灵的问题上，本质主义的观点是“非黑即白”、“或全或无”（all-or-nothing）。

奎因曾提出著名的“数学家骑车人”（mathematical cyclist）悖论以批评本质主义对本质属性与偶然属性的区分：“数学家们很可能被认为是必然有理性的，而不一定都有两条腿；骑自行车的人必然有两条腿，而不一定是有理性的。但是把数学和骑自行车都算做其特征的一个人的情况如何呢？这个具体的个人是必然有理性而偶然有两条腿，还是相反[①]？”奎因认为，哪种属性在我们看来更加重要完全取决于我们谈话的侧重点或我们的旨趣所在，“没有什么特性可算做

---

① 蒯因．语词和对象．陈启伟等译．北京：中国人民大学出版社，2005：230.

必然的或偶然的[①]。”

丹尼特在心灵是否具有本质属性的问题上继承了奎因的反本质主义立场，他认为不存在什么所谓的本质属性能够明确将有心灵与无心灵区别开。各种心智能力都是在进化过程中逐渐形成的，我们不能够确定究竟在哪一点上出现了心灵，而在此之前心灵却不存在。换句话说，我们不能确定系统究竟获得了哪种能力或具备了哪种属性就可以算作是否心灵的，任何心智特征都是以渐进的方式、一步步发展而来，在有心灵与无心灵之间存在许多含糊的中间地带。达罕波姆（Bo Dahlbom）对此评论道：“丹尼特是唯名论者：他不相信本质或终极真理[②]。”在其他人认为存在毫无争议的界线的地方他总是能看到各种中间状态和过渡形态。

丹尼特构想了关于“第一只哺乳动物”（the first mammal）的故事来表明他的反本质主义立场。如果我们要问“是什么使得一只动物成为哺乳动物”？一个可能的回答是“它有一位哺乳动物母亲”。如果我们接着问“是什么使这只哺乳动物母亲成为哺乳动物”？我们得接着回答“这只哺乳动物母亲也有一位哺乳动物母亲”。如此继续下去，最终我们会回退到“第一只哺乳动物”，它是所有哺乳动物的第一位哺乳动物祖先。此时我们将面临一个令人尴尬的问题：这个“第一只哺乳动物”又是如何成为哺乳动物的呢？即使你把问题的答案换成其他形式，比如“因为它是胎生的”或“因为它是用肺呼吸的”，结果也是一样。你总是要回到这个“第一”的问题上。

实际上，“第一只哺乳动物”所导致的尴尬源自于对哺乳动物的本质主义界定。从进化的角度看，哺乳动物由似爬行哺乳动物中的兽孔目动物进化而来，这类动物兼具爬行和哺乳两种动物的特点，其表型特征在许多方面已经十分接近哺乳动物，它们是爬行动物向哺乳动物进化过程中的过渡物种。同样，两栖动物与爬行动物之间也存在过渡类型——蜥螈。由此可见，无论是“第一只哺乳动物”，还是“第一只爬行动物”都是不存在的，我们不能肯定两栖动物何时变成了爬行动物，我们也不能肯定爬行动物何时变成了哺乳动物。我们根本无法划出一条清晰的界线来断定生物进化到这个点时某个新的物种就出现了，而之前的物种则是自然界原有的旧成员。

在心智的进化方面也存在类似的问题。各种心智现象既然也是从无到有的，那么它必定在进化史上历程了一个漫长的演变过程。意向性、意识如此，自由

---

① 蒯因．语词和对象．陈启伟等译．北京：中国人民大学出版社，2005：230.

② Dahlbom B. Dennett and his Critics：Demystifying Mind. Oxford：Blackwell，1993：4.

意志也是一样。丹尼特在他的意向理论中强调意向性并不是人所特有的原初意向性，任何能够依目标或利益而行动的个体都是有意向性的，它们都具有关涉它物的能力。最原始的生命个体的生命活动几乎近似于纯粹的机械活动，以至于我们通过物理立场就可以解释预测它；随着个体复杂性的增加，个体的行为方式和意向能力也趋于多样化。个体表现出的行为越来越难以从纯粹的机械角度进行解释和预测，这样，我们就不得不由最底层的物理立场转向设计立场甚至意向立场。然而，转换立场并没有统一的标准，有些个体行为可以借助物理立场来预测，也可以采用设计立场，这取决于个体行为的复杂程度；同样，有些借助设计立场得以预测的行为也可以采用意向立场进行预测，这也与行为的复杂度有关。但是，如果系统的行为复杂到我们不得不采用意向立场的程度，或者说，如果我们不对系统采用意向立场就会错过某些“实在的模式”的时候，我们就认为该系统的确是具有意向性的。这里没有意向性的本质属性，也没有什么特征或属性可以使人的意向性成为“原初意向性”，有的只是逐渐充实、丰满起来的意向能力。

意识同样不可能是一种本质主义式的存在。在第四章中我们已经看到，丹尼特对笛卡儿意识模型中的各种本质主义元素进行了彻底的批判。首先大脑中不存在一个“剧场”或一条意识的分界线，以保证进入剧场或越过分界线的感觉信息是有意识的，而没有进入剧场或没有到达分界线的信息是无意识的。在大脑受到外界环境刺激时，会产生许多携带不同信息的、活跃的草稿，这些草稿在某种程度上都是潜在的有意识的，它们都有可能成为最终的意识内容。它们相互竞争，受大脑中的模因虚拟机控制，最终一部分草稿在竞争中获胜，成为我们的意识经验，其余的大多数草稿则没有产生任何后续影响就销声匿迹了。

至于笛卡儿构建的那个全能“自我”，当然也不可能是一个拥有某种本质属性的精神实体。丹尼特主张“自我”实际上只是一个“叙事主体”，是关于某个人的全部叙事或故事的“性质承担者”，我们谈论“自我”，并不代表“自我”是一个孤立的实体或一种本质的存在。“自我”不是从我们一出生起就一直存在，而是在我们经历各种社会生活、塑造我们的个性和人格品质的过程中逐渐形成的，我们也有可能在失去生命之前先失去“自我”。我们不能说明自己究竟是在什么时间、什么地点、什么情形下获得了“自我”，因为不存在这样一个具体的时间地点，对我们来说，“自我”是逐渐完善的，他随着我们自身故事的充实而充实。

丹尼特反本质主义理论批判的最后一个对象是自由意志的本质论。通常我们会很自然地认为人有选择以不同方式做事的能力，人具有自由意志，只要这个人处在正常的身体和环境状况下。然而我们却很难将这种选择能力或自由意志赋予除人以外的其他生物体，这是由于自由意志和其他心理现象一样，一直被认为是人类所独有的精神特征，只有人类才能自由地按照自己的意愿从事各种活动。因此对于自由意志而言，必定存在某种特殊的属性使得它只能为人类所独有，而不能为其他生物体共享（当然，这个问题在强决定论者那里是不存在的，因为他们认为即便是人也同样没有自由意志）。

丹尼特认为这种说法完全是一种本质主义论调，是一种笛卡儿式的或全或无的理论。人具有的自由意志来自于人的选择能力，人们总是可以在不同的行为方案中进行选择。人们之所以选择一个方案而放弃其他的选项，是因为人可以为这种方案提供很好的理由，只要他愿意，他仍然可以以其他方式作出行为。但人的这种提供理由和进行选择的能力都不是人所独有的。其他生物体同样具有行动的理由，它们同样可以在多个备选方案中进行选择。这些生物体虽然低等，但其生命活动也是趋利避害的意向活动，它们能够对周围环境进行价值判断，能够区别食物和天敌。这样，生物体的每个行为都不是无理由的盲目行为。最原始的生物能够基于某些最简单的理由作出行为，它就比完全没有价值判断能力的无机物具有更大的选择空间，它也就拥有更多自由。随着生物体应对环境变化的能力越来越强、物种的智能性越来越高，其对环境作出反应的形式也更加多样化，这意味着生物体有更多的行动方案可供选择，生物体所具有的自由也越来越多。这种类型的自由尽管只是无意识地受自由漂浮原理控制的自由，但它们构成了物种进化过程中的理性与选择能力的演化历程，是人类那种具有反思能力的自由意志形成的必经之路。无论是人的自由，还是其他生物体的自由，都只存在自由程度上的差别。只是由于人不仅能更好地利用外界，还能在文化传承过程中获得祖先流传下来的宝贵文化财富，才使得人适应环境的能力更强，人的选择空间更大，人也就更自由。

总之，所有的心智现象，无论是意向性、意识还是自由意志，以及自我、行动者、理性这些通常被认为是人所特有的精神特质，都是在进化过程中经历了漫长的生物机制的演化，为更好地生存和繁衍的目的才得以形成的。它们不是非此即彼的存在，人的非人生物学祖先们已经在一步步积累这些心智能力。像我们不能从本质主义立场来看待物种之间的差别一样，我们也不能从本质主义立场来看待各种心智能力的差别。在丹尼特的眼里，生物体都是有心灵的，只是不同的生物体具有不同种类的心灵而已[①]。

三、非还原论

纵观心灵哲学的发展历史，曾出现过许多尝试解决人的科学形象与外显形象之间的矛盾的方法，这其中还原论（reductionism）是一类相当重要的理论。在唯物主义一元论盛行之前，贝克莱的唯心论曾试图将所有的物理现象都还原为心理现象，不过这种唯心一元论在自然科学的冲击下逐渐为人们淡忘。当代心灵哲学的主流是各种形式的物理主义理论，它们都只承认物理实体是唯一的存在物，物理过程是唯一真实的自然过程。如果只有物理现象是实在的，而我们又不想彻底取消心理词汇，那么似乎只有将心理现象还原为某种物理现象才能实现身心关系的协调。

还原论在科学界确实取得了巨大的成功，我们的日常用语“水”被还原为科学用语“H_2O”，我们平常所说的“闪电”也被还原为“大规模的放电现象”。对心灵的研究者们来说，这种成功还原的例子是好的激励。如果我们可以将心理事件还原为物理事件，那么身心之间的紧张甚至是对立关系就可以得到缓解和协调。用福多的话说：“如果关涉性是实在的，那它必须真正是某种别的东西[②]。”于是在物理主义一元论的宗旨之下，对心灵的自然化解释就发展为各种形式的物理主义还原理论。例如物理主义的第一种理论形式——行为主义将心理语句还原为行为语句，之后的同一论（identity theory）则将心理状态同一或还原为神经生理状态。

然而在心灵研究领域进行的还原工作远不及在科学研究领域发展得顺利。功能主义针对同一论所提出的心理现象的“可多重实现性”（multiple realization）可以说是对早期还原论的一种巨大打击：如果一个心理现象不仅是一个物理现象，还是一种更为抽象的功能现象，是可以通过许多不同的物理过程和物理机制来实现的，那么我们如何在某种心理现象与某种物理现象之间建立起同一或还原关系？“可多重实现性”导致心灵的还原方法陷入了极大的困境。不过以福多为代表的功能主义者并没有就此放弃还原论，他们提倡将我们的精神特性还原为抽象的功能或计算特性，我们的大脑就是能够运行各种不同心智软件程序

① 丹尼特在《心灵种种：对意识的探索》一书中提出了心灵的四个种类，即达尔文式心灵（Darwinian mind）、波普尔式心灵（Popperian mind）、斯金纳式心灵（Skinnerian mind）和格利高里式心灵（Gregorian）。具体内容见该书第四章。

② Fodor J. Psychosemantics. Cambridge：The MIT Press，1987：97.

的计算机硬件。

虽然功能主义是当前被广泛接受的心智理论，但对它的批评和反驳从来就没有停止过。许多反对物理主义和功能主义理论的哲学家们都提出了各自的哲学理论来论证还原论的不可行性，他们普遍认为心理现象是不能被还原为物理现象的，任何试图将精神特性还原为神经生理特性或计算功能特性的努力最终都会失败。

丹尼特虽然也对功能主义立场表示赞同，但他意识到功能主义的还原论是没有希望的，因为这种理论与之前的理论一样，也主张将心理现象还原为其他的东西。无论这个“其他东西”是神经生理状态还是功能，只要还原或同一关系成立，那么心智状态就不可能是完全“功能”的。它必定是因某种固有属性，而不是与其他状态的“关系”而成为某个心智状态。如此一来，任何心智的还原论都是某种形式的“本质主义”理论，这违背了丹尼特所坚守的信条——“反本质主义”[①]。

在丹尼特看来，历史上出现的各种心智的还原理论有一个最大的特征，即它们都希望用最低层次的科学术语来表征各种心智现象，例如用神经生理过程来解释人的行为，或用生物化学过程来解释有机体的进化过程。丹尼特称这类还原论为“贪婪的还原论”（greedy reductionism），因为它们只承认一种实在性（reality）的意义。在这些还原论者眼中，物理立场下的实在性才是唯一的实在性。丹尼特认为正是这种妄想将心理特性等同于物理实在性的野心使得还原论者的心智解释工作困难重重。

丹尼特坚决反对“贪婪的还原论”，但他主张我们可以接受一种“好的还原论”（good reductionism），这种还原论虽然也反对超自然现象，坚持基本的机械论原则，但它并不指望能够将精神特性彻底还原为物理或化学特性。实际上它只着眼于如何用自然科学理论来解释心智现象的发生（比如是什么样的神经生理学机制实现了意向性或意识），但并不否认精神现象是实在的。它承认实在性有多种意义，物理立场的实在性意义与设计立场不同，设计立场与意向立场也不同。每个立场都有属于自己的实在性，没有哪种实在性比其他实在性更优越。无论意向性、意识还是自由意志，都是属于意向立场的概念，都描述了只能从意向立场辨别的精神现象，它们是由意向立场承诺的高层次的实在性。

由于适合于一个立场的概念在其他立场中不能发挥任何作用，也不能为其

---

① Zawidzki T. Dennett. Oxford：Oneworld Publications，2007：158.

他立场所辨别，因此每个立场中的实在性是相对自主的（autonomous），但它们之间并不是毫无关系，高层次实在性的实现需要依靠低层次的实在性作为基础。意向性、意识和自由意志是意向立场中的实在，它们的实现得益于各种系统功能以特定的适当方式组织在一起。就像人的意向性来自于大脑各部分的意向性，当大脑的各个功能区域有效地组织协作时，人的意向性就会浮现出来，但这并不表明高层实在性能还原为低层实在性，每个低层的成分都只能从事相对简单的工作，完成相对有限的任务，它们不能独自承担全部工作。只有它们相互关联、相互协作，才能产生高层次特性。也就是说，意向立场的实在性不能还原为设计立场的实在性。

同样，设计立场的实在性也不能还原为物理立场的实在性。设计立场中各种系统的功能是在其更低层次的物理立场组成部分以特定方式组织在一起的情况下产生的。好比一个钟表，它的功能是指示时间，该功能的实现是所有钟表零件以某种合适的方式组织起来的结果。对于这些零件来说，它们中的每一个都不具有单独指示时间的能力，它们所承担的任务是更为基本、更为简单的。虽然它们联结在一起可以实现钟表的功能，但该功能却无法还原为每个部分的工作。可以说，指示时间的功能是在钟表的物理零件经过适当组装之后浮现出来的。

虽然丹尼特将他的理论称为“好的还原论”，但我们认为，这种类型的还原论与还原论的经典准则有很大的差距。实际上，通过上面的论述我们看到，丹尼特已经明确表示高层次实在性是不能还原为低层次实在性的，这表明丹尼特所坚持的已经不再是“还原论”，他只是尝试用低层次概念解释高层次现象，而不是要令高层次概念与低层次概念相同一，他的理论是非还原论。

丹尼特的非还原论非常符合他的“小人功能主义”理论。一个大的智能系统的智能性是由该系统的“成分小人”的智能性实现的，这些“成分小人”又可以进一步分为更多的“亚成分小人”，依次类推。每降低一个“小人”的层次，“小人”的智能性就减少一些，完成的工作也更简单一些。直到最后系统被分解为纯粹的机械成分，此时需要完成的工作已经简单到不需要任何智能性的地步，毫无智能的一个个小机械装置完全机械地从事着自己的工作。它们分工明确又愉快合作，展现出的能力也越来越复杂，它的复杂性的增加使得我们越来越有理由将其看作一个意向系统。如果不这样做，我们将会错过这些系统行为中所隐藏的“实在的模式”。

结 束 语

丹尼特在心智与认知研究领域钻研了四十多年时间，其探讨的问题涉及哲学、人工智能、心理学、神经科学、进化生物学、动物行为学、人类学、伦理学等许多方面。他将这些学科的研究成果结合在一起，辅以相当睿智的哲学思考和高度创造性的理论建构，完成了对意向性、意识和自由意志三种最重要的认知现象进行的自然化解释工作，最终实现了他在唯物主义本体论和方法论框架下，对人类的心智与认知能力进行阐释、协调人的两种形象的目标。

对丹尼特的自然主义认知理论进行研究不是一项轻松的工作，这主要是由于丹尼特涉猎的领域非常多，除了哲学，他对人工智能的了解程度已经可以和人工智能专家相媲美。他曾受邀直接参与过美国麻省理工学院的人工智能开发项目，为他们提供理论帮助；他直接参与过各种心理实验，了解心理学对各种心理状态的研究成果；他也曾跟随神经外科医生深入大脑受损的病人中间，获取他们心智能力发生变化的第一手资料；他还与动物行为学研究者们一起观察大猩猩的生活，并探讨有关动物心智的问题。他对生物学、人类文化学等其他相关学科也相当熟悉，所有认知科学涉及的研究领域丹尼特都亲自涉足过，因此他的自然科学理论和经验非常丰富，他也很善于将这些领域的成果与自己的哲学思考结合起来。这既是丹尼特的可贵之处，也是对其思想进行研究的困难之处。在介绍丹尼特的学术思想时，本书并没有涵盖其全部的理论和观点，只重点讨论意向理论、意识理论和自由意志相容论。这样做一方面是为了突出心智自然化这个研究主题，希望从他关于这三大认知现象的论述中梳理出其哲学体系的基本脉络和研究目标；另一方面也受作者本人的背景知识和研究时间所限。

在本书对丹尼特的探讨之旅行将结束之际，笔者希望将一些未能提及的问题或未来将要进行的研究内容做一些简单罗列，一方面为读者进一步了解丹尼特的学术思想做补充说明，另一方面也是对自己今后研究工作的勉励。

首先，我们没有对丹尼特意识理论的解释效力进行评价。丹尼特认为，“多重草稿模型”具有较强的解释力，能够对心理学和大脑神经科学实验中出现的一些现象提供合理的解释，他也的确运用该模型对一些问题进行了说明。此外，他还对当时引起学术界轰动的利贝特（Benjamin Libet）“意识延迟”现象提出了质疑①。对此我们并未过多探讨，部分原因是这些问题涉及太多心理学或神经科学专业知识，此外，近几十年神经科学发展迅速，丹尼特的模型中有些内容已经不够准确，用当下的眼光评价过去理论的解释力不够客观。不过可以肯定的是，他的意识理论中提到的“大脑中不存在中心控制者，只有携带不同信息的许多草稿在彼此竞争”，这个观点与现代神经科学的看法是一致的。大脑的高度模块化工作机制的确排除了“中心控制者”存在的可能性，我们体验到的平滑的意识流只是大脑左半球发挥“解释器”作用的结果，实际上在大脑内部发生的“混乱”比我们想象得要多②。

其次，本书只讨论丹尼特如何借助进化理论解释意向性、意识和自由意志的产生，没有深入剖析丹尼特的适应论主张，以及他对达尔文进化论的辩护和捍卫。丹尼特将适应性看做一种进化算法，主张适应性不仅是物种生物学特性的特征，也是文化基因的特征。也就是说，无论是某种生物体的功能特性的选择，还是文化基因的选择，可以用其在自然界的适应度来解释。但事实上，达尔文的进化理论本身也存在许多争议性，该理论的准确性和有效性一直是学术界争论的重要问题。在西方社会，尽管进化论吸收了新的生物学理论形成了新达尔文主义进化理论，但其接受程度并不如我们想象得那么好。丹尼特将对心智和认知现象的自然与社会双重演化的说明建立在达尔文进化论的基础上，难免使人感到理论根基不够牢固，有学者就对他的这种进化论偏好进行了批判。丹尼特的《达尔文的危险思想》一书专门探讨进化适应论的有效性，为新达尔文主义思想进行辩护，但这部分内容属于其自然化工作的延伸，且专业性较强，

---

① 20世纪80年代，神经生理学家利贝特进行了一系列实验，通过侦测到“准备电位”（readiness potential），确定了实验参与者在产生行为选择的意识之前，其大脑就已经开始了相关的神经活动。利贝特利用该实验结果宣称，行为在前，意识在后，大脑的无意识活动才是真正的决策者，而我们通常所认为的自由意志，其实只是幻觉，自由意志不存在。利贝特的实验一直是自由意志不相容论的经典科学依据。

② 关于左脑“解释器”的说明，可参见迈克尔·加扎尼加《谁说了算？自由意志的心理学解读》一书的第三章（浙江人民出版社，2013）。

因此本书没有对其进行分析。不过，该书的内容还是相当引人入胜的。

最后也是最重要的问题是本书几乎没有引入丹尼特与其他学者的争论。而实际上，丹尼特在学术界也算是个“争论制造者”，他的心智理论一经提出就引来了许多争议和批评。福多（Jerry Fodor）这样的实在论者认为，丹尼特的意向立场理论实际上是一种工具主义理论，既享受了使用常识心理学进行解释和预测的便利性，又避免了令人困扰的形而上学问题；相反，丘奇兰德则批评丹尼特的形而上学立场不够彻底，似乎是在实在论与取消论之间摇摆；斯蒂奇（Stephen Stich）指责丹尼特意向理论所依赖的“合理性假设”本身就是不合理的；塞尔也就人的意向性是否为原初意向性以及关于机器是否能够思维的问题与丹尼特有过激烈的争论。另外，他的某些较为激进的观点，例如主张感受性不存在，也引起了不少人的反对。虽然从反驳者的角度考察丹尼特的理论有助于我们对其思想进行公正的评价，但由于这些争议涉及面广，且交叉着批评者的指责与丹尼特本人的各种回应，需要用大量篇幅进行详细探讨，因此从主题明确、中心突出的角度考虑，没有将有争议的内容列为本书陈述的重点。不过要想全面了解一个人的学术思想，争论和批评也是必不可少的素材。这些问题将会成为日后研究工作的一个重点。

参考文献

中文参考文献

[1] 保罗·丘奇兰德．功能主义40年：一次批判性地回顾．田平译．世界哲学，2006，5：23-34.

[2] 波普尔．客观知识：一个进化论的研究．舒炜光，卓如飞，周柏乔，等译．上海：上海译文出版社，2005.

[3] 伯纳德·巴尔斯．在意识的剧院中——心灵的工作空间．陈玉翠等译．北京：高等教育出版社，2002.

[4] 陈钢．知觉二元论与自由意志．自然辩证法通讯，2007，6：32-36.

[5] 陈江进，郭琰．心身问题解决的新尝试：机器功能主义．自然辩证法通讯，2003，4：28-33.

[6] 陈晓平．从心—身问题看功能主义的困境．自然辩证法研究，2006，12：17-21.

[7] 戴潘．民间心理学的实在论与反实在论之争．科学技术哲学研究，2010，1：57-61.

[8] 丹尼特．心灵种种．罗军译．上海：上海世纪出版集团，2010.

[9] 丹尼特．意识的解释．苏德超，李涤非，陈虎平，译．北京：北京理工大学出版社，2008.

[10] 丹尼特．意向立场．刘占峰，陈丽，译．北京：商务印书馆，2015.

[11] 丹尼特．自由的进化．辉格译．太原：山西人民出版社，2014.

[12] 道金斯．自私的基因．卢允中，张岱云，陈复加，等译．北京：中信出版社，2012.

[13] 丁峻．身心关系与进化动力论．合肥：中国科学技术大学出版社，2003.

[14] 符彬．丹尼特远程功能主义意识理论研究．赤峰学院学报，2012，7：27-29.

[15] 高新民，储昭华．心灵哲学．北京：商务印书馆，2008.

[16] 高新民，刘占峰．意向性·意义·内容——当代西方心灵哲学围绕心理内容的争议及其思考．哲学研究，2003，2：86-91.

[17] 高新民，刘占峰．意向性理论的当代发展．哲学动态，2004，8：15-18.

[18] 高新民，吴胜峰．解释理论：解构二元论的有价值的尝试．广西社会科学，2004，2：28-32.

[19] 高新民．解释与解构——丹尼特的心灵哲学及其意义．天津社会科学，2005，3：38-42.

[20] 高新民．人自身的宇宙之谜．武汉：华中师范大学出版社，1989.

[21] 高新民．现代西方心灵哲学．武汉：武汉出版社，1996.

[22] 高新民．心理世界的“新大陆”——当代西方心灵哲学围绕感受性质的争论及其思考．自然辩证法通讯，1999，5：7-13.

[23] 高新民．人心与人生．北京：北京大学出版社，2006.

[24] 哥德弗雷·史密斯．心在自然中的位置．田平译．长沙：湖南科学技术出版社，2001.

[25] 郭贵春，成素梅．科学哲学新进展．北京：科学出版社，2008.

[26] 郭菁．文化进化的 meme 理论及其难题．哲学动态，2005，1：54-56.

[27] 贺善侃．决定论与自由意志论．探索与争鸣，1991，3：63-65.

[28] 黄正华．心的科学认识何以可能．自然辩证法研究，2007，3：27-39.

[29] 霍涌泉．意识心理学．上海：上海教育出版社，2006.

[30] 吉尔伯特·赖尔．心的概念．徐大建译．北京：商务印书馆，2008.

[31] 克里克．惊人的假说：灵魂的科学探索．汪云九，齐翔林，吴新年，等译．长沙：湖南科学技术出版社，1998.

[32] 蒯因．从逻辑的观点看．江天骥，宋文淦，张家龙，等译．上海：上海译文出版社，1987.

[33] 蒯因．语词和对象．陈启伟，朱锐，张学广，译．北京：中国人民大学出版社，2005.

[34] 李恒熙．自由意志是道德责任的必要条件吗？对一个否定论证的考察．现代哲学，2009，6：81-87.

[35] 李笑春，叶立国．决定性——决定论与非决定论本质的再分析．自然辩证法研究，2002，11：26-29.

[36] 里奇拉克．发现自由意志与个人责任．许泽民，罗选民，译．贵阳：贵州人民出版社，1994.

[37] 理查德·罗蒂．哲学和自然之镜．李幼蒸译．北京：商务印书馆，2003.

[38] 理查德·罗蒂．真理与进步．杨玉成译．北京：华夏出版社，2003.

[39] 郦全民．计算主义框架下的若干认知原理．心智与计算，2008，3：210-218.

[40] 梁晓磊，陈丽，刘占峰．“感受性是哲学家的词藻”——丹尼特取消感受性的激进立场探析．海军工程大学学报（综合版），2010，3：75-79.

[41] 刘高岑．当代科学意向论．北京：科学出版社，2006.
[42] 刘高岑．当代心智哲学的演变及其意向性理论．齐鲁学刊，2005，2：116-120.
[43] 刘高岑．心理意向：实在的还是工具的——当代心智哲学关于心理意向性的两种代表性理论．哲学动态，2005，11：30-35.
[44] 刘景钊．意向性：心智关指世界的能力．北京：中国社会科学出版社，2005.
[45] 刘玲．知识论证与丹尼特的辩护．合肥师范学院学报，2012，4：62-65.
[46] 刘西瑞，王汉琦．人工智能与意向性问题．自然辩证法研究，2001，12：5-9.
[47] 刘翔平．心理学中的因果决定论和自由意志论．北京师范大学学报，2004，5：33-38.
[48] 刘占峰．解释与心灵的本质．北京：中国社会科学出版社，2011.
[49] 罗宾·邓巴．进化心理学．万美婷译．北京：中国轻工业出版社，2011.
[50] 罗杰·彭罗斯．皇帝新脑．许明贤，吴忠超，译．长沙：湖南科学技术出版社，2007.
[51] 罗姆·哈瑞．认知科学哲学导论．魏屹东译．上海：上海科技教育出版社，2006.
[52] 玛格丽特·博登．人工智能哲学．刘西瑞，王汉琦，译．上海：上海译文出版社，2001.
[53] 迈克尔·加扎尼加．谁说了算？自由意志的心理学解读．闾佳译．杭州：浙江人民出版社，2013.
[54] 欧阳康．当代英美著名哲学家学术自述．北京：人民出版社，2005.
[55] 彭孟尧．人心难测：心与认知的哲学问题．北京：生活·读书·新知三联书店，2006.
[56] 彭孟尧．心与认知哲学．台北：三民出版社，2011.
[57] 彭孟尧．知识论．台北：三民出版社，2009.
[58] 任晓明，李旭燕．当代美国心灵哲学研究述评．哲学动态，2006，5：46-52.
[59] 萨伽德．认知科学导论．朱菁译．合肥：中国科学技术大学出版社，1999.
[60] 塞尔．心、脑与科学．杨音莱译．上海：上海译文出版社，1991.
[61] 塞尔．心灵、语言与社会．李步楼译．上海：上海译文出版社，2006.
[62] 塞尔．心灵导论．徐英瑾译．上海：上海人民出版社，2008.
[63] 塞尔．意识的奥秘．刘叶涛译．南京：南京大学出版社，2009.
[64] 塞尔．自由与神经生物学．刘敏译．北京：中国人民大学出版社，2005.
[65] 宋尚玮．丹尼特的自由意志相容论．科学技术哲学研究，2013，2：44-47.
[66] 苏珊·布莱克摩尔．谜米机器．高申春译．长春：吉林人民出版社，2001.
[67] 唐孝威．意识论——意识问题的自然科学研究．北京：高等教育出版社，2004.
[68] 田平．评斯蒂奇对丹尼特意向系统理论的批评．北京航空航天大学学报（社会科学版），1998，2：12-16.
[69] 田平．信息、功能与意向性——论德莱斯基自然主义的意向性理论．北京航空航天大学

社会科学学报，1998，1：18-26.

[70] 汪云九，杨玉芳，等．意识与大脑——多学科研究及其意义．北京：人民出版社，2003.

[71] 王华平．心灵哲学中的意识与意向性．学术月刊，2011，3：49-58.

[72] 王金柱．技术系统的意向性解释立场．自然辩证法研究，2012，1：91-95.

[73] 王姝彦，王姝慧．丹尼尔·丹尼特的意向战略及其理论意义．自然辩证法研究，2008，8：22-26.

[74] 威尔逊．MIT 认知科学百科全书．上海：上海外语教育出版社，2000.

[75] 魏屹东，宋尚玮．丹尼特反本质主义心智理论的本质特征．人文杂志，2013，1：16-21.

[76] 魏屹东．认知科学哲学问题研究．北京：科学出版社，2008.

[77] 吴彩强．普特南的功能主义及其困难．哲学动态，2006，12：48-51.

[78] 武秀波等．认知科学概论．北京：科学出版社，2007.

[79] 熊哲宏．认知科学导论．武汉：华中师范大学出版社，2002.

[80] 徐向东．理解自由意志．北京：北京大学出版社，2008.

[81] 徐向东．论行动者因果性理论的不连贯性．心智与计算，2007，1：46-69.

[82] 徐向东．自由意志与道德责任．南京：江苏人民出版社，2006.

[83] 徐英瑾．丹尼特的“异类现象学”——新实用主义谱系中一个被忽略的环节．世界哲学，2012，5：131-141.

[84] 殷筱．心灵哲学中物理主义理论在语言向度上的螺旋式发展．哲学研究，2011，7：92-96.

[85] 俞吾金．决定论与自由意志关系新探．复旦学报（社会科学版），2013，2：2-22.

[86] 约翰·C·埃尔克斯．脑的进化．潘泓译．上海：上海科技教育出版社，2004.

[87] 约翰·布罗克曼．第三种文化．吕芳译．海口：海南出版社，2003.

[88] 约翰·海尔．当代心灵哲学导论．高新民，殷筱，徐弢，译．北京：中国人民大学出版社，2005.

[89] 泽农·派利夏恩．计算与认知．任晓明，王左立，译．北京：中国人民大学出版社，2007.

[90] 章士嵘，王炳文．当代西方著名哲学家评传．二卷．济南：山东人民出版社，1996.

[91] 章士嵘．认知科学导论．北京：人民出版社，1992.

[92] 赵南元．认知科学揭秘．北京：清华大学出版社，2002.

英文参考文献

[1] Ahouse J C. The tragedy of a priori selectionism：Dennett and Gould on adaptationism. Biology and Philosophy，1998，13：359-391.

[2] Anscombe G. Intention. Oxford：Blackwell Publishing，1957.

[3] Beisecker D. Dennett's overlooked originality. Mind Mach，2006，16：43-55.

[4] Bennett J. Rationality. London：Routledge & Kegan Paul，1964.

[5] Blackmore S. The meme machine. Oxford：Oxford University Press，1999.

[6] Block N. Readings in the philosophy of psychology，vol.1.London：Methuen，1980.

[7] Bricke J. Consciousness and Dennett's intentionalist net. Philosophical Studies：An International Journal for Philosophy in the Analytic Tradition，1984，2：249-256.

[8] Bricke J. Dennett's eliminative arguments. Philosophical Studies：An International Journal for Philosophy in the Analytic Tradition，1984，3：413-429.

[9] Cam P. Dennett on intelligent storage. Philosophy and Phenomenological Research，1984，2：247-261.

[10] Carman T. Dennett on seeming. Phenomenological Cognitive Science，2007，6：99-106.

[11] Carruthers P. The architecture of the mind. Oxford：Oxford University Press，2006.

[12] Chalmers D. The conscious mind：in search of a fundamental theory. New York，Oxford：Oxford University Press，1996.

[13] Clark A. Mindware：an introduction to philosophy of cognitive science. Oxford：Oxford University Press，2001.

[14] Chisholm R M. Perceiving：a philosophical study. Ithaca：Cornell University Press，1957.

[15] Churchland P M. Densmore and Dennett on virtual machines and consciousness. Philosophy and Phenomenological Research，1999，3：763-767.

[16] Churchland P M. Scientific realism and the plasticity of the mind. Cambridge：The MIT Press，1979.

[17] Churchland P M. The engine of reason，the seat of the soul. Cambridge：The MIT Press，1995.

[18] Churchlan P M. Matter and consciousness：a contemporary introduction to the philosophy of mind. Cambridge：The MIT Press，1988.

[19] Cosmides L，Tooby J. What is evolutionary psychology？ explaining the new science of the mind. London：Weidenfeld and Nicolson，2002.

[20] Crane T. The mechanical mind. London：Penguin Books，1995.

[21] Dahlbom B. Dennett and his critics：demystifying mind. Oxford：Blackwell，1993.

[22] Dahlbom B. The heart of Dennett's philosophy：reply to Elton. Minds and Machines，1998，8：415–418.

[23] Davidson D. Essays on actions and events. Oxford：Clarendon Press，1980.

[24] Dawkins R. The blind watchmaker. London：Longman，1986.

[25] Dawkins R. The selfish gene. Oxford：Oxford University Press，1989.

[26] Dawkins R. River out of eden：a darwinian view of life. London：Weidenfeld and Nicolson，1995.

[26] Dawkins R. Climbing mount improbable. London：Viking，1996.

[27] Dennett D C. Content and consciousness. London：Routledge & Kegan Paul，1969.

[28] Dennett D C. Brainstorms：philosophical essays on mind and psychology. Cambridge：The MIT Press/A Bradford Book，1978.

[29] Dennett D C. Elbow room：the varieties of free will worth wanting. Cambridge：The MIT Press，1984.

[30] Dennett D C. The intentional stance. Cambridge：The MIT Press，1987.

[31] Dennett D C. Consciousness explained. Boston：Little，Brown，1991.

[32] Dennett D C. Darwin's dangerous idea：evolution and the meaning of lige. New York：Simon & Schusters，1995.

[33] Dennett D C. Kinds of minds：towards an understanding of consciousness. New York：Basic Books，1996.

[34] Dennett D C. Brainchildren：essays on designing minds. Cambridge：The MIT Press，1998.

[35] Dennett D C. Freedom evolves. New York：Viking Penguin，2003.

[36] Dennett D C. Sweet dreams：philosophical obstacles to a science of consciousness. Cambridge：The MIT Press，2005.

[37] Dennett D C. Breaking the spell：religion as a natural phenomenon. New York：Viking Penguin，2006.

[38] Dennett D C. Intuition pumps and other tools for thinking. New York：W.W.Norton & Company，2013.

[39] Dennett D C. Geach on intentional identity.The Journal of Philosophy，1968，11：335-341.

[40] Dennett D C. Features of intentional actions. Philosophy and Phenomenological Research，1968，2：232-244.

[41] Dennett D C. Intentional systems. The Journal of Philosophy，1971，4：87-106.

[42] Dennett D C. Why the law of effect will not go away. Journal for the Theory of Social Behavior，1975，5：169-187.

[43] Dennett D C. Are dreams experiences？ Philosophical Review，1976，2：151-171.

[44] Dennett D C. Why you can't make a computer that feels pain. Synthese, 1978, 38: 415-456.

[45] Dennett D C. Current issues in the philosophy of mind. American Philosophical Quarterly, 1978, 4: 249-261.

[46] Dennett D C. The onus re experiences: a reply to emmett. Philosophical Studies, 1979, 3: 315-318.

[47] Dennett D C. making sense of ourselves. Philosophical Topics, 1981, 12: 63-81.

[48] Dennett D C. Grey matter and mind. Radio Times, 1982, May 8-14 (70-72).

[49] Dennett D C. Why we think what we do about why we think what we do: Discussion on Goodman's 'on thoughts without words'. Cognition, 1982, 12: 219-227.

[50] Dennett D C. How to study consciousness empirically: or nothing comes to mind. Synthese, 1982, 53: 159-180.

[51] Dennett D C. Intentional systems in cognitive ethology: the "Panglossian Paradigm" defended. (with commentaries). *Behavioral and Brain Sciences*, 1983, 6: 343-390.

[52] Dennett D C. I Could Not Have Done Otherwise--So What? Journal of Philosophy, 1984, 10: 553-565.

[53] Dennett D C. Thinking about Thinking: the Mind as Virtual Machine. In *The Human* Mind—the Human Brain and Beyond, American Broadcasting Companies, Inc, 1984.

[54] Dennett D C. Julian Jaynes's Software Archeology. Canadian Psychology, 27: 1986, 149-154.

[55] Dennett D C. The Self as a Center of Narrative Gravity. http: //ase.tufts.edu/ cogstud /papers / selfctr.htm [1986).

[56] Dennett D C. When Philosophers Encounter Artificial Intelligence. Daedalus, Proceedings of the American Academy of Arts and Sciences, 1988, 1: 283-295.

[57] Dennett D C. Out of the Armchair and into the Field. Poetics Today, 1988, 1: 205-221.

[58] Dennett D C. Why Everyone Is a Novelist. The Times Literary Supplement, 1988, 9: 16-22.

[59] Dennett D C. Quining Qualia. http: //ase.tufts.edu/ cogstud /papers /quinqual.htm [1988]

[60] Dennett D C. Speaking for Our Selves: An Assessment of Multiple Personality Disorder. (with N. Humphrey). *Raritan*: A Quarterly Review, 1989, 9: 68-98.

[61] Dennett D C. The Origins of Selves. Cogito, 1989, 3: 163-173.

[62] Dennett D C. Memes and the Exploitation of Imagination. Journal of Aesthetics and Art Criticism, 1990, 48: 127-135.

[63] Dennett D C. Demystifying Consciousness. (interview by John Brockman). Edge, 1990,

5-8.

[64] Dennett D C. Real Patterns. Journal of Philosophy，1991，1：27-51.

[65] Dennett D C. Lovely and Suspect Qualities.（commentary on Rosenthal，The Independence of Consciousness and Sensory Quality）. Philosophical Issues：Consciousness，1991，1：37-43.

[66] Dennett D C. A Dash to Solve the Puzzle of the Mind. Boston Globe，1991-12-8：A21，A24.

[67] Dennett D C. The Message Is：There Is No Medium. Philosophy and Phenomenological Research，1993，53（4）：889-931.

[68] Dennett D C. Get Real. Philosophical Topics，1&2，1994：505-568.

[69] Dennett D C. Cow-sharks，Magnets and Swampman. Mind and Language，1996，11：76-77.

[70] Dennett D C. The Evolution of Evaluators. http：//ase.tufts.edu/cogstud/papers/siena. Htm [1997）.

[71] Dennett D C. Preston on Exaltation：Herons，Apples，and Eggs. The Journal of Philosophy，1998，11：576-580.

[72] Dennett D C. The Evolution of Religious Memes：Who—or What—Benefits？ Method Theory in the Study of Religion，1998，10，115-128.

[73] Dennett D C. Are we explaining consciousness yet？ Cognition，2001，1&2：221-237.

[74] Dennett D C. In darwin's wake，where am I？ Proceedings and Addresses of the American Philosophical Association，2001，2：11-30.

[75] Dennett D C. The fantasy of first-person science. http：//ase.tufts.edu/ cogstud /papers / chalmersdeb3drt.htm [2009-3-7].

[76] Dennett D C. The evolution of culture. Monist，2001，84，3：305-324.

[77] Dennett D C. The new replicators.//Pagel M. Encyclopedia of evolution. vol. 1. Oxford：Oxford University Press，2002：E83-E92.

[78] Dennett D C. The bright stuff. New York Times，2003-7-12.

[79] Dennett D C. From typo to thinko：when evolution graduated to semantic Noms.// Levinson S，Jaisson P. Culture and Evolation. Cambridge：The MIT Press，2005.

[80] Dennett D C. Geography lessons. New York Times Book Review，2005-2-20（6）.

[81] Dennett D C. Natural freedom. Metaphilosophy，2005，36，4：449-459.

[82] Dennett D C. The higher-order truths about chmess. Topoi，2006：39-41.

[83] Dennett D C. The god delusion by richard dawkins. Free Inquiry，2007，27：1.

[84] Dennett D C. Heterophenomenology reconsidered. Phenomenology and Cognitive Science，

2007，6，nos1 and 2：247-270.

[85] Dennett D C.How to protect human dignity from science. http://www.bioethics. gov/reports/human_dignity/chapter3.html [2010-5-12] .

[86] Dennett D C. Daniel Dennett autobiography Part 1. http：//www.philosophynow.org/ issue68/Daniel_Dennett_Autobiography_Part_1 [2010-6-5] .

[87] Dennett D C. Daniel Dennett autobiography Part 2. http：//www.philosophynow.org/ issue69/Daniel_Dennett_Autobiography_Part_2 [2010-6-5] .

[88] Dennett D C. Daniel Dennett autobiography Part 3. http：//www.philosophynow.org/ issue70/Daniel_Dennett_Autobiography_Part_3 [2010-6-5] .

[89] Dennett D C.Homunculi rule：reflections on darwinian populations and natural selection by Peter Godfrey-Smith. Oxford：Oxford University Press，2009.

[90] Dennett D C.Shall we tango？ No，but thanks for asking.（commentaries on Evan Thompson，Mind in Life，with replies）. Journal of Consciousness Studies，2011，18，nos 5 and 6：23-34.

[91] Dennett D C. Sakes and dints. Times Literary Supplement，2012-3-2（12-14）.

[92] Densmore S，Dennett D C. The virtues of virtual machines. Philosophy and Phenomenological Research，1999，3：747-761.

[93] Derksen A. Dennett's rhetorical strategies in consciousness explained. Journal for General Philosophy of Science，2005，36：29-48.

[94] Dorbolo J. Daniel Dennett and the computational turn. Mind Mach，2006，16：1.

[95] Dretske F. Naturalizing the mind. Cambridge：The MIT Press，1995.

[96] Elton M. Daniel Dennett：reconciling science and our self-conception. Cambridge：Polity，2003.

[97] Elton M. Dennett explained？ A critical study of dahlbom's Dennett and his critics. Minds and Machines，1998，8：395–413.

[98] Flanagan D J. The science of the mind. Cambridge：The MIT Press，1984.

[99] Papineau D. Philosophical naturalism. Oxford：Blackwell Publishing，1993.

[100] Flanagan O. Consciousness reconsidered. Cambridge：The MIT Press，1992.

[101] Fodor J. The language of thought. Hassocks，Sussex：Harvester Press，1975.

[102] Fodor J. Representations：philosophical essays on the foundations of cognitive science. Cambridge：The MIT Press，1981.

[103] Fodor J，Lepore E. Holism：a shopper's guide. Oxford：Blackwell，1992.

[104] Fodor J. Concepts：where cognitive science went wrong. Oxford：Oxford University Press，

1998.

[105] Goodheart E. Neo-darwinism and religion. Sociology，2008，45：125-129.

[106] Gould S J. "Darwinian Functionalism" and "Evolution：the Pleasures of Pluralism" . New York Review of Books，1997，12，June and 26，June.

[107] Haugeland J. Mind design. Cambridge：The MIT Press，1981.

[108] Harold F. Daniel Dennett and the brick wall of consciousness. The Hudson Review，2006，1：161-168.

[109] Heitner R M. Is design relative or real ？ Dennett on Intentional Relativism and Physical Realism. Minds and Machines，2000，10：267-275.

[110] Inwagen P. An essay on free will. Oxford：Clarendon Press，1983.

[111] Inwagen P. Dennett on 'Could have done otherwise' . The Journal of Philosophy，1984，10：565-567.

[112] Jackson F. Epiphenomenal qualia. American Philosophical Quarterly，1982，32（127）：127-136.

[113] Jackson F. What mary didn't know. Journal of Philosophy，1986，83（5）：291-295.

[114] Jacquette D. The blue banana trick：Dennett on Jackon's color scientist. Theoria，1995，3：217-230.

[115] Joslin D. Real realization：Dennett's real patterns versus Putnam's ubiquitous automata. Mind Mach，2006，16：29-41.

[116] Kane R. The significance of free will. Oxford：Oxford University Press，1996.

[117] Kirk R. The best set of tools ？ Dennett's Metaphors and the Mind-Body Problem.The Philosophical Quarterly，1993，172：335-343.

[118] Lycan W. Mental states and putman's functionalism hypothesis. Australasian Journal of Philosophy，1974，52：48-62.

[119] Lycan W G. Mind and cognition：a reader. Oxford：Blackwell Publishing，1990.

[120] Mameli M. On Dennett and the natural sciences of free will. Biology and Philosophy，2003，18：731-742.

[121] McCarthy J. Dennett and ricoeur on the narrative self. New York：Prometheus Books，2007.

[122] McCulloch，G. Dennett's little grains of salt. The Philosophical Quarterly，1990，40，158：1-12.

[123] McGinn C. Can we solve the mind-body problem？ Mind，1989，98：349-366.

[124] McGinn C. Consciousness evaded：comments on Dennett. Philosophical Perspectives，

1995, 9: 241-249.

[125] Millikan R. Language, thought and other biological categories. Cambridge: The MIT Press, 1984.

[126] Miłkowski M. Is evolution algorithmic? Minds and Machines, 2009, 19: 465-475.

[127] Mirolli M. A naturalistic perspective on intentionality. Interview with Daniel Dennett. Mind and Society, 2002, 6: 1-12.

[128] Nagel T. Mortal questions. Cambridge: The MIT Press, 1979.

[129] Nagel T.What it is like to be a bat? Philosophical Review, 1974, 83: 435-450.

[130] Nanay B. Symmetry between the intentionality of minds and machines? The Biological Plausibility of Dennett's Position. Mind Mach, 2006, 16: 57-71.

[131] Newton N. Dennett on intrinsic intentionality. Analysis, 1992, 1: 18-23.

[132] O'Brien G, Opie J. A defense of cartesian materialism. Philosophy and Phenomenological Research, 1999, 4: 939-963.

[133] Orr H A. Dennett's dangerous idea. Evolution, 1996, 1: 467-472.

[134] Perlis D. Consciousness and complexity: the cognitive quest. Annals of Mathematics and Artificial Intelligence, 1995, 14: 309-321.

[135] Putman H. Mind, Language and reality: philosophical papers, vol. 2. Cambridge: The MIT Press, 1975.

[136] Robinson H. Dennett on the knowledge argument. Analysis, 1993, 3: 174-177.

[137] Robinson H. Dennett on the knowledge argument. // Ludlow P, Stoljar D, Nagasawa Y, etc. There's something about mary: essays on phenomenal consciousness and Frank Jacksons' Knowledge Argument. Cambridge: The MIT Press, 2004.

[138] Robinson W S. Dennett's analysis of awareness. Philosophical Studies: An International Journal for Philosophy in the Analytic Tradition, 1972, 3: 147-152.

[139] Rocknak S. A tradition ignored: review essay of John Symons'on Dennett. Brain and Mind, 2001, 2: 343-358.

[140] Rorty R. Dennett on awareness.Philosophical Studies: An International Journal for Philosophy in the Analytic Tradition, 1972, 3: 153-162.

[141] Rorty R. Comments on Dennett. Synthese, 1982, 53: 181-187.

[142] Ross D, Brook A, Thompson D, etc. Dennett's philosophy: a comprehensive assessment. Cambridge: The MIT Press, 2000.

[143] Ross D, Brook A, etc. Daniel Dennett. Cambridge: Cambridge University Press, 2002.

[144] Ross C. Dennett on free will. Int Ontology Metaphysics，2011，12：137-149.

[145] Russow L. Dennett，mental images，and images in context. Philosophy and Phenomenological Research，1985，4：581-593.

[146] Sellars W. Empiricism and the philosophy of mind. Cambridge，MA：Harvard University Press，1997.

[147] Slors M. Why Dennett cannot explain what it is to adopt the intentional stance. The Philosophical Quarterly，1996，182：93-98.

[148] Smith P G. Maternal effects：on Dennett and Darwin's dangerous idea. Philosophy of Science，1998，4：709-720.

[149] Stich S. From folk psychology to cognitive science. Cambridge：The MIT Press，1983.

[150] Stich S. The fragmentation of reason：preface to a pragmatic theory of cognitive evaluation. Cambridge：The MIT Press，1990.

[151] Strawson G. Freedom and belief. Oxford：Clarendon Press，1986.

[152] Symons J. On Dennett. Belmont：Wadsworth，2001.

[153] Thompson D. Daniel Dennett. New York：Continuum，2009.

[154] Tye M. Review：reflections on Dennett and consciousness. Philosophy and Phenomenological Research，1993，4：893-898.

[155] Uzgalis B. Interview with Daniel Dennett conducted by Bill Uzgalis in boston，Massachusetts on December 29，2004. Mind Mach，2006，16：7-19.

[156] Whitmeyer J M. On the relationship between memes and genes：a critique of Dennett. Biology and Philosophy，1998，13：187-204.

[157] Jason W A. An end to qualia？ Dennett's defense of hetero-phenomenology . The American Journal of Psychology，2007，1：148-153.

[158] Willsm R A，Kell F C. The MIT encyclopedia of the cognitive science. Cambridge：The MIT Press，2000.

[159] Yu P，Fuller G. A critique of Dennett. Synthese，1986，66：453-476.

[160] Zahavi D. Killing the straw man：Dennett and phenomenology. Phenomenological Cognitive Science，2007，6：21-43.

[161] Zawidzki T. Dennett. Oxford：Oneworld Publications，2007.

词 汇 表

半自私（benselfishness） 丹尼特的术语，用来表示那种有远见的、对双方都有利的共赢式合作行为。该词中的“ben”是本杰明·富兰克林（Benjamin Franklin）的名字，丹尼特将物种之间或同物种个体之间的兼顾利己与利他的自私称为 ben- 自私，以向这位伟大的人物致敬。

本质主义（essentialism） 本质是某物之为该物所必须具备的一种或几种属性，认为任何事物都具有本质属性的观点就是本质主义，其要点是“或全或无”，不存在中间状态。就心智哲学而言，本质主义认为存在一条心灵的分界线，一事物或有心、或无心，不存在任何的中间形式。

表型可塑性（phenotypic plasticity） 生物学术语，指有机体为适应环境变化而改变其表型的能力。换句话说，同样的基因型在不同的环境下可以产生不同的表型，体现在形态、生理、行为等许多方面，这是生物对环境的一种适应。现代生物学认为，学习也属于一种表型可塑性。

不相容论（incompatibilism） 与相容论相对立的一种哲学立场，认为我们的行为不可能既是决定的又是自由的，我们必须做出取舍。选择决定论而放弃自由意志的主张属于强决定论，选择自由意志而放弃决定论的主张属于自由意志论。

笛卡儿剧场（Cartesian theatre） 丹尼特的术语，用来描述笛卡儿的意识模型，该模型将意识进行了如下解释：大脑中存在一个中心“剧场”，感觉信息汇聚于此，接受剧场里唯一一位观众“中心控制者”的检阅。进入剧场的信息就成为意识的内容，而“中心控制者”则是使我们具有心理能力的精神实体——“自我”。

范畴错误（category mistake）吉尔伯特·赖尔的术语，当人们将一个概念错误地应用在不恰当的领域时，人们就犯了这种错误。正如我们不能用“圆的”、“方的”来描述人，赖尔认为笛卡儿模仿物质实体的概念，创造出一个精神实体，用来描述人的心灵，这就是范畴错误。心灵只是一组行为倾向或能力。

感受性（qualia）表达人的意识经验的内在质性特征的哲学术语。感受性给心智哲学的物理主义理论制造了很大麻烦，对它的自然化解释很难令人满意。丹尼特则主张所谓的感受性只是一种功能属性，传统意义上的感受性不存在。

工具主义（instrumentalism）认为某些概念或范畴并不指向任何实在的存在物，而只是有用的解释或预测工具的观点。工具主义常被指责为既享受了使用常识心理学进行解释和预测的便利性，又成功避开了对本体论问题的探讨。

好的还原论（good reductionism）丹尼特的术语，用来表示自己在心智现象是否可以还原为物理现象这个问题上的立场。这种还原论并不认为精神现象必须还原为物理或化学现象，而只关注如何用神经科学理论来解释心智现象的产生。丹尼特承认实在性有多种意义，心智现象属于意向立场下的实在，因而心智现象是不能还原为物理现象的，从这个意义上说，“好的还原论”实际上是非还原论立场。

还原论（reductionism）认为某种存在物或特性可以用与它们同一但更加基本的存在物或特性来解释的立场。在心灵哲学中，逻辑行为主义试图将心理现象还原为行为或行为倾向，而同一论则试图将心灵还原为大脑的神经生理状态或过程。

军备竞赛（arms race）原指两国间为获得最好的军事实力而展开的竞争。丹尼特用这个术语形容生物群体中合作者与背叛者之间形成的侦察与反侦察、背叛与反背叛的竞争。

空中吊钩（skyhook）来自航空学的术语，表示一种用于挂在空中的想象中的机械装置。丹尼特用此术语形容那些为大自然的各种“设计产物”寻找非自然原因的观点。如果生物体的某种特性不是来自于一步步积累的进化过程，而是由一个神性的或不可解释的“第一心智”创造的，那么这个“第一心智”就是“空中吊钩”。

逻辑行为主义（logical behaviorism）又称哲学行为主义，与心理学行为主义或称方法论行为主义有所区别。逻辑行为主义是一种心灵哲学理论，试图将人的心灵还原为一组公开可见的行为或行为倾向。它是心灵哲学历史上出现的第一个物理主义理论，对笛卡儿二元论的衰落作出了巨大贡献。

模因（meme）道金斯的术语，用来表示文化进化的单位。模因类似于基因，它携带各种文化信息，如观念、发明、流行时尚等，在人与人之间传播、复制，并在文化进化过程中被选择。

派生意向性（derived intentionality）一个表征所具有的关涉性如果来自于其他表征系统，则该表征的意向性就是派生意向性。我们使用的符号或语言词汇所具有的关涉性都是源于符号或语言的使用者的意向性，因此，符号或语言词汇的意向性就是派生意向性。

起重机（crane）与空中吊钩相反，起重机借助自下而上的力量将事物从最底层逐渐抬起。丹尼特用起重机来形容自然选择的进化过程所发挥的作用。一些盲目的机械过程经过优胜劣汰，逐渐积累成为各种有助于生物体生存的特性，这些特性最终进化出让我们感觉非常惊讶的能力，但这不是神秘的、非物质的奇迹。一切都可以通过物质过程得到解释。

强决定论（hard determinism）一种不相容论立场，坚持物理世界是因果封闭的，我们的行为都是由之前的物理事件或物理过程决定的，不存在非物理因素可以影响行为，因此自由意志是幻觉。

取消主义（eliminativism）又称取消唯物主义，是一种心灵哲学的唯物主义立场，它主张常识心理学中的一些概念，如信念、愿望等，并不是实在的，我们应当取消这些概念的使用，取而代之以神经生理学词汇，这样我们就可以一劳永逸地实现彻底的唯物主义。

设计立场（design stance）丹尼特的术语，指根据系统的设计功能来解释和预测系统行为的策略。该策略假定某系统具有一定的结构性功能，并且系统将按照该功能所预定的方式做出行为。设计立场是中间层次的解释策略，其解释或预测的效率要高于物理立场，但因存在对系统的功能假定而导致风险增加。设计立场的本体论空间中存在的是由物理成分构成的系统整体及其功能。

适应论（adaptationism）这是一个生物学术语，它表达这样一种观点：有机体的物理和心理特性是进化产生的适应特性。生物个体的某种特性之所以能够成为该生物所属种群的普遍特性，是由于这种特性可以提高生物个体对自然环境的适应性，个体和种群因具备该特性而获得了更大的生存和繁殖优势。

万能酸（universal acid）原意是指一种腐蚀性极强，足以吞噬一切物质的液体。丹尼特用它来形容达尔文的进化论思想，认为它所主张的自然选择作为一种适应论算法，在自然和文化两大领域内都具有普适性和有效性，可以成为我们解释一切人类现象的有利工具。

物理立场（physical stance）丹尼特的术语，指基于系统的物理状态和物理定律来解释和预测系统行为的策略。相比其他两种立场（设计立场、意向立场），物理立场是最低层次的解释策略，其本体论空间中只存在组成系统的各种物理成分或实体。

相容论（compatibilism）一种关于自由意志问题的哲学立场，该立场主张我们的行为既是被因果地决定的，又是我们自由选择的，自由意志与物理因果决定论并不冲突。我们是否拥有自由取决于我们是否可以不受阻碍地根据自己的意愿选择行为，这与我们生活的世界是否是决定论的无关。

小人功能主义（homuncular functionalism）由利康提出、丹尼特发展的功能主义立场，属于生物功能主义的范畴。丹尼特主张可以利用“小人”来说明人的心智能力，但这个“小人”不是大脑内部的一个和人拥有一样能力的“中心控制者”，而是一些只能承担有限智能工作的“亚人”（sub-person）结构，这些结构的能力又由更低层次的“亚亚人”来说明。在人向“亚人”甚至“亚亚人”下降的过程中，智能逐渐减少，最后到达神经元层面，智能完全消失。

新达尔文主义（Neo-Darwinism）加拿大生物学家罗曼斯（George Romanes）于 1896 年提出的概念，原指生物学家魏斯曼（August Weisman）等人所拥护的那种达尔文主义，如今则是“现代进化综合论”（modern evolutionary synthesis）的同义词，指结合了遗传学、群体遗传学、细胞学、形态学、生态学、古生物学等多个生物学分支的进化综合理论。

叙事重心（center of narrative gravity）丹尼特的术语，用来表明“自我”这一概念的作用或功能。正如物体的重心是个虚构的点一样，“自我”不是一个中心控制者或精神实体，而是被大脑创造出来的一个虚构叙事主体。大脑需要把和主体有关的各种叙事归属于一个统一的叙事来源，“自我”就承担了这个功能。

异现象学（heterophenomenology）丹尼特的术语，用来表示他研究意识的科学客观方法。实验人员将受试者看作理性行动者，用文本记录受试所描述的经验感受，这些文本就构成了受试者的“异现象学”世界，受试是这个世界的权威，而实验者的任务则是对这个“异现象学”世界进行解释。

意向立场（intentional stance）丹尼特的术语，是根据系统的信念和愿望等意向状态来解释和预测行为的策略。该策略将系统看作一个有目的的理性行动者，其信念与愿望由目的决定，系统将根据那些信念和愿望采取最合理的行动以便达到目的。意向立场是最高层次的解释策略，对于生物体或下棋计算机这样的复杂系统来说，采用意向立场进行解释和预测是最为高效的方法，但相应地风险也是最大的。意向立场的本体论空间中存在着具有目的的行动者及其意向状态和意向行为模式。

原初意向性（intrinsic intentionality）这是塞尔哲学思想中的一个重要概念，他认为人的意向性是在意识的基础上产生的，不因其他事物的存在而存在，因此人的意向性是固有的或原初的，是其他人造物的意向性的来源。而非人动物和植物因不具有意识，它们所表现出的意向性则只是“似意向性”非不是真正的意向性。

自由漂浮原理（free-floating rationale）丹尼特的术语，用来表示生物体做出某种行为的理由，该理由在无形中支配着生物体的行为，却不能被生物个体所察觉或反思。除了人类，其他生物的行为都是受自由漂浮原理驱使的，因为它们的行动虽然是目标指向的，但它们本身并不能对目标进行反思。

自由意志论（libertarianism）一种不相容论立场，坚持物理世界并非决定论的，存在影响我们行为选择的非决定因素，正是这种因素使得自由意志成为可能。

附　录

本部分罗列了丹尼特的相关资料，一方面为研究丹尼特提供原始材料，另一方面为后续研究工作提供了丰富而完整的文献资料。附录包括四个部分：附录Ⅰ是丹尼特的生平大事年表；附录Ⅱ是丹尼特的著作与中译本；附录Ⅲ是丹尼特的论文；附录Ⅳ是国内外研究丹尼特的著作或论文集。

附录Ⅰ　丹尼特的生平大事年表

1942年，出生于美国马萨诸塞州府波士顿。

1959年，进入卫斯理（Wesleyan）大学学习，在高等数学课上第一次接触了奎因的著作《数理逻辑》和《从逻辑的观点看》，从而下决心转去哈佛大学师从奎因学习哲学。

1960年，进入哈佛大学学习哲学。因笛卡儿的《形而上学的沉思》一书对心灵哲学和语言哲学产生了浓厚兴趣，确定了自己未来的研究方向。

1963年，经奎因推荐，在赖尔的帮助下进入牛津大学赫特福德学院（Hertford College）学习，在此期间产生了关于心灵问题的自然主义研究进路。

1965年，获得博士学位，同年前往美国加利弗尼亚大学欧文分校（简称UCI）担任助理教授，开始了在UCI六年的教学研究生活。

1968年，发表了第一篇论文《机器轨迹与规则陈述》（*Machine traces and Protocol Statements*），成为一位人工智能哲学家。

1969年，第一部著作《内容和意识》（*Content and Consciousness*）由著名的劳特里奇（Routledge）出版社出版，该书奠定了丹尼特对于心灵问题的主要立场和观点，构建了其进行心灵问题探讨的基本框架。

1971年，离开UCI前往塔夫茨大学（Tufts University）任教，并出任该校认知研究中心主任，此后一直担任该职务。

1973年，撰写了第一篇关于自由意志问题的论文《机械论与责任》（*Mechanism and Responsibility*），明确了自己的自由意志相容论立场。

1978年，第一部论文集《头脑风暴》（*Brainstorm*）出版，该文集引起了学术界对丹尼特研究工作的关注。

1979～1980年，在位于美国加利福尼亚州帕洛阿尔托（Palo Alto）的“行为科学高级研究中心”（the Center for Advanced Study in the Behavioral Sciences）与其他五位学者组成了一个六人小组，一起研究人工智能和哲学问题。

1984年，《活动空间》（*Elbow Room*）出版，丹尼特在该书中探讨了自由意志问题，反驳了自由意志论、强决定论等不相容论观点，再次重申了其最早在

《机械论与责任》一文中提出的自由意志相容论立场。

1987 年，论文集《意向立场》（*The Intentional Stance*）出版，该文集收录了丹尼特关于意向性问题的几篇重要论文，对《内容和意识》中关于内容的理论进行了精细化与体系化，是其意向研究的标志性成果，也是研究其意向理论的代表性文献。

1991 年，《意识的解释》（*Consciousness Explained*）出版，该书是对《内容和意识》中关于意识问题的深入探讨，是丹尼特意识研究的最大成果，曾入选《纽约时报 · 书评》评选的当年十佳畅销著作，在学术界与普通民众那里都引起了巨大的轰动。

1995 年，《达尔文的危险思想》（*Darwin's Dangerous Idea*）出版。在本书中，丹尼特对达尔文的进化理论进行了捍卫，并论证了进化论的适应论法则作为人类自然和社会双重进化的普适性算法的有效性。

1996 年，《心灵种种》（*Kinds of Minds*）出版，此书可以看做是丹尼特之前几部著作的浓缩版本和科普版本，书中对意向性、意识等心灵现象的本质及进化过程做了深入浅出的讲解。

1998 年，论文集《大脑儿童》（*Brainchildren*）出版，该文集中收录了丹尼特关于心灵哲学、人工智能和动物行为学的论文，是其 20 世纪 90 年代学术思想的集中体现。

2001 年，被授予有着心灵哲学界诺贝尔奖之称的冉尼科德奖（Jean Nicod Prize），代表了认知科学和心灵哲学界对丹尼特研究工作的肯定。

2003 年，《自由的进化》（*Freedom Evolves*）出版，本书是《活动空间》内容的延续，既对决定论进行了重新诠释，也解决了《活动空间》中没有涉及的自由意志的进化问题。

2004 年，被美国人文主义协会（American Humanist Association）授予"年度人文主义者"（Humanist of the Year）称号，以表彰其在宣传无神论世界观和世俗人文主义（Secular Humanism）人生观方面的贡献。

2005 年，《甜蜜的梦》（*Sweet Dreams*）出版，该书是对意识和感受性问题的进一步思考和阐释。

2006 年，《打破符咒》（*Breaking the Spell*）出版。书中界定了阻止人们对宗教进行自然主义研究的两大障碍，强调了冲破这些阻力，将宗教作为一种文化现象进行科学研究的必要性。他也因宣传无神论思想和自然主义世界观而被列为"新无神论四骑士"（Four Horsemen of New Atheism）之一。

2008年，《无神论的未来》（*The Future of Atheism*）出版。

2010年，《科学与宗教》（*Science and Religion*）出版。同年，宗教自由基金会（Freedom From Religion Foundation）的名誉董事会授予丹尼特“杰出成就者”的称号。

2012年，因几十年来长期坚持向普通民众宣传科学技术在文化领域的重要性而获得了欧洲伊拉斯谟基金会董事会颁发的伊拉斯谟奖（Erasmus Prize）。

2013年，《直觉泵及其他思维工具》（*Intuition Pumps And Other Tools for Thinking*）出版。

附录Ⅱ　丹尼特的著作与中译本

[1] Content and Consciousness. London：Routledge & Kegan Paul，1969.

[2] Brainstorms：Philosophical Essays on Mind and Psychology. Cambridge，MA：MIT Press/A Bradford Book，1978.

[3] Elbow Room：The Varieties of Free Will Worth Wanting. Cambridge，MA：MIT Press，1984.

[4] The Intentional Stance. Cambridge：The MIT Press，1987.

[5] Consciousness Explained. Boston：Little，Brown，1991.

[6] Darwin's Dangerous Idea：Evolution and the Meanings of Life. New York：Simon & Schusters，1995.

[7] Kinds of Minds：Toward an Understanding of Consciousness. New York：Basic Books，1996.

[8] Brainchildren：Essays on Designing Minds. Cambridge：The MIT Press，1998.

[9] Freedom Evolves. New York：Viking Penguin，2003.

[10] Sweet Dreams：Philosophical Obstacles to a Science of Consciousness. Cambridge：The MIT Press，2005.

[11] Breaking the Spell：Religion as a Natural Phenomenon. New York：Viking Penguin，2006.

[12] The Future of Atheism：Alister McGrath and Daniel Dennett in Dialogue. Minneapolis：Fortress Press，2008.

[13] Philosophy Bundle RC：Content and Consciousness. London：Routledge，2010.

[14] Science and Religion：Are They Compatible? Oxford：Oxford University Press，2010.

[15] Intuition Pumps and Other Tools for Thinking. New York：W. W. Norton & Company，2013.

[16] 意识的解释．苏德超，李涤非，陈虎平，译．北京：北京理工大学出版社，2008.

［17］心灵种种 . 罗军译 . 上海：上海世纪出版集团，2010.
［18］自由的进化 . 辉格译 . 太原：山西人民出版社，2014.
［19］意向立场 . 刘占峰，陈丽，译 . 北京：商务印书馆，2015.

附录Ⅲ 丹尼特的论文

[1] Machine Traces and Protocol Statements. Behavioral Science，1968，13：155-161.

[2] Geach on Intentional Identity.The Journal of Philosophy，1968，65（11）：335-341.

[3] Features of Intentional Actions. Philosophy and Phenomenological Research，1968，29（2）：232-244.

[4] Intentional Systems. The Journal of Philosophy，1971，68（4）：87-106.

[5] Review of C. O. Evans，The Subject of Consciousness. Philosophical Quarterly，1971，21：180-181.

[6] Content and Consciousness：Reply to Arbib and Gunderson. The Journal of Philosophy，1972，69（18）：604.

[7] Review of J. R.Lucas，The Freedom of the Will，Journal of Philosophy，1972，69：527-531.

[8] Comment of Wilfrid Sellars. Synthese，1974，27：439-444.

[9] Why the Law of Effect Will Not Go Away. Journal for the Theory of Social Behavior，1975，5：169-187.

[10] Review of G.Warnock and B.F.Skinner，Behavior Control：Freedom and Morality. Teaching Philosophy，1975，1：175-177.

[11] Are Dreams Experiences? Philosophical Review，1976，85（2）：151-171.

[12] Critical Notice of J. Fodor，The Language of Thought. Mind，1977，86（342）：265-280.

[13] Review of W. Matson，Sentience. International Studies in Philosophy，1977，9：182-183.

[14] Review of J. Glover，（ed.），The Philosophy of Mind. Teaching Philosophy，1977，2：196-197.

[15] Why You Can't Make a Computer that Feels Pain. Synthese，1978，38：415-456.

［16］Current Issues in the Philosophy of Mind. American Philosophical Quarterly，1978，15（4）：249-261.

［17］Requisition for a Pexgo.（commentary on Bindra）. Behavioral and Brain Sciences，1978，1：56-57.

［18］Why Not the Whole Iguana?（commentary on Pylyshyn）. Behavioral and Brain Sciences，1978，1：103-104.

［19］Co-opting Holograms.（commentary on Haugeland）. Behavioral and Brain Sciences，1978，1：232-233.

［20］What's the Difference：some Riddles.（commentary on Puccetti and Dykes）. Behavioral and Brain Sciences，1978，1：351.

［21］Beliefs about Beliefs.（commentary on Premack et al.）. Behavioral and Brain Sciences，1978，1：568-570.

［22］Review of M. Boden，Artificial Intelligence and Natural Man. Philosophy of Science，1978，45：648-649.

［23］The Onus Re Experiences：A Reply to Emmett. Philosophical Studies，1979，35（3）：315-318.

［24］Review of R. Aquila，Intentionality：a Study of Mental Acts，and E. Casey，Imagining：a Phenomenological Analysis. Southwestern Journal of Philosophy，1979，9：139-143.

［25］Review of Karl Popper and John Eccles，The Self and its Brain. Journal of Philosophy，1979，76：91-97.

［26］Breeding Cognitive Strategies.（commentary on Haber）. Behavioral and Brain Sciences，1979，2：599-600.

［27］Passing the Buck to Biology.（commentary on Chomsky）. Behavioral and Brain Sciences，1980，3：19.

［28］The Milk of Human Intentionality.（commentary on Searle）. Behavioral and Brain Sciences，1980，3：428-430.

［29］Reply to Professor Stich. Philosophical Books，1980，21：73-76.

［30］Wondering Where the Yellow Went.（commentary on Wilfrid Sellars's Carus Lecture）.Monist，1981，64：102-108.

［31］Making Sense of Ourselves. Philosophical Topics，1981，12：63-81.

［32］Philosophy According to Nozick. New Boston Review，1982，7：9-11.

[33] Grey Matter and Mind. Radio Times，1982，May 8-14，70-72.

[34] Notes on Prosthetic Imagination. New Boston Review，1982，7：3-7.

[35] The Myth of the Computer：An Exchange.（reply to John Searle's review of The Mind's I）. New York Review of Books，1982，29：56-57.

[36] The Well-Funished Mind.（review of R. Gregory，Mind in Science）. Contemporary Psychology，1982，27：597-598.

[37] Why We Think What We Do about Why We Think What We Do：Discussion on Goodman's 'On Thoughts without Words'. Cognition，1982，12：219-227.

[38] Correspondent's Report：Recent Work in Philosophy of Interest to AI. Artificial Intelligence，1982，19：3-5.

[39] How to Study Consciousness Empirically：or Nothing Comes to Mind. Synthese，1982，53：159-180.

[40] Commentary on Rorty. Synthese，1982，53：349-356.

[41] The Imagination Extender.（a revision of "Notes on Prosthetic Imagination"）. Psychology Today，1982，16：32-39.

[42] Review of Gilbert Ryle，On Thinking. International Studies in Philosophy，1982，14：98-99.

[43] Styles of Mental Representation. Proceedings of the Aristotelian Society，New Series，1982/1983，83：213-226.

[44] Intentional Systems in Cognitive Ethology：the "Panglossian Paradigm" Defended.（with commentaries）. Behavioral and Brain Sciences. 1983，6：343-390.

[45] When do Representations Explain?（commentary on Stabler）. Behavioral and Brain Sciences，1983，6：406-407.

[46] Wishful Thinking.（commentary on Skinner）. Behavioral and Brain Sciences，1984，7：556-557.

[47] Carving the Mind at the Joints.（review of Fodor，The Modularity of Mind）. Contemporary Psychology，1984，29：285-286.

[48] Correspondent' s Report：Recent Work in Philosophy II. Artificial Intelligence，1984，22：231-234.

[49] I Could Not Have Done Otherwise—So What? Journal of Philosophy，1984，81（10）：553-565.

[50] Computer Models and the Mind—a View from the East Pole.（a condensed version of The Logical Geography of Computational Approaches：a View from the East Pole）. The Times Literary Supplement，1984，14：1453-1454.

[51] Thinking about Thinking：the Mind as Virtual Machine. in The Human Mind—the Human Brain and Beyond，American Broadcasting Companies，Inc.，1984.

[52] Music of the Hemispheres.（Review of M. S. Gazzaniga，The Social Brain）. The New York Times Book Review，1985，17：53.

[53] When Does the Intentional Stance Work?（reply to continuing commentary）. Behavioral and Brain Sciences，1985，8：758-766.

[54] Why Believe in Belief?（review of S. Stich，From Folk Psychology to Cognitive Science：the Case against Belief）. Contemporary Psychology，1985，30：949.

[55] Where Am I? Clinton St Quarterly，1985，7，Winter.

[56] Review of V. Braitenberg，Vehicles：Experiments in Synthetic Psychology. Philosophical Review，1986，95：137-139.

[57] Julian Jaynes's Software Archeology. Canadian Psychology，1986，27：149-154.

[58] Engineering's Baby.（commentary on Sayre）. Behavioral and Brain Sciences，1986，9：141-142.

[59] Who May I Say Is Calling?（with K. Akins，commentary on Hoffman）. Behavioral and Brain Sciences，1986，9：517-518.

[60] Philosophy as Mathematics or as Anthropology.（forum comment）. Mind and Language，1986，1：18-19.

[61] Information，Technology，and the Virtues of Ignorance. Daedalus，Proceedings of the American Academy of Arts and Sciences，1986，115（3）：135-153.

[62] The Self as a Center of Narrative Gravity. http：//ase.tufts.edu/cogstud / papers /selfctr.htm [2008-4-21] .

[63] Commentary on Cam. Philosophy and Phenomenological Research，1987，48（2）：339-341.

[64] Eliminate the Middletoad!（commentary on Ewert）. Behavioral and Brain

Sciences，1987，10：372-374.

[65] When Philosophers Encounter Artificial Intelligence. Daedalus，Proceedings of the American Academy of Arts and Sciences，1988，117（1）：283-295.

[66] The Moral First Aid Manual. In S. M. McMurrin，ed.，Tanner Lectures on Human Values. Salt Lake City：University of Utah Press；and Cambridge：Cambridge University Press，1988，8：119-147.

[67] Out of the Armchair and into the Field. Poetics Today，1988，9（1）：205-221.

[68] Precis of The Intentional Stance.（with commentary）. Behavioral and Brain Sciences，1988，11：495-546.

[69] Why Everyone is a Novelist. The Times Literary Supplement，1988，4：459.

[70] Review of J. Fodor，Psychosemantics. Journal of Philosophy，1988，85：384-389.

[71] Coming to Terms with the Determined.（review of T. Honderich，A Theory of Determinism：The Mind，Neuroscience，and Life-Hopes）. The Times Literary Supplement. 1988，November 4-10：1219-1220.

[72] Why Creative Intelligence is Hard to Find.（commentary on Whiten and Byrne）. Behavioral and Brain Sciences，1988，11：253.

[73] Review of W. Lyons，The Disappearance of Introspection. Philosophy of Science，1988，55：563-564.

[74] Quining Qualia. http：//ase.tufts.edu/ cogstud /papers /quinqual.htm [2008-10-25].

[75] Speaking for Our Selves：An Assessment of Multiple Personality Disorder.（with N. Humphrey）. Raritan：A Quarterly Review，1989，9：68-98.

[76] Murmurs in the Cathedral.（review of R. Penrose，The Emperor's New Mind）. The Times Literary Supplement，1989，September 29-October 5.

[77] The Origins of Selves. Cogito，1989，3：163-173.

[78] Review of R. Richards，Darwin and the Emergence of Evolutionary Theories of Mind and Behavior. Philosophy of Science，1989，56：540-543.

[79] Teaching an Old Dog New Tricks.（commentary on Schull）. Behavioral and Brain Sciences，1990，13：76-77.

［80］The Interpretation of Texts，People，and Other Artifacts. Philosophy and Phenomenological Research，1990，50，Supplement：177-194.

［81］Memes and the Exploitation of Imagination. Journal of Aesthetics and Art Criticism，1990，48：127-135.

［82］Artificial Life：A Feast for the Imagination.（review of G. Langton，ed.，Artificial Life）. Biology and Philosophy，1990，5：489-492.

［83］Dr Pangloss Knows Best.（reply to Amundsen）. Behavioral and Brain Sciences，1990，13：581-582.

［84］Abstracting from Mechanism.（reply to de Gelder）. Behavioral and Brain Sciences，1990，13：583-584.

［85］Betting your Life on an Algorithm.（commentary on Penrose）. Behavioral and Brain Sciences，1990，13：660-661.

［86］Demystifying Consciousness.（interview by John Brockman）. Edge，1990，5-8.

［87］Real Patterns. Journal of Philosophy，1991，88（1）：27-51.

［88］Lovely and Suspect Qualities.（commentary on Rosenthal，The Independence of Consciousness and Sensory Quality）. Philosophical Issues：Consciousness，1991，1：37-43.

［89］Two Contrasts：Folk Craft Versus Folk Science，and Belief Versus Opinion. In J. D. Greenwood，ed.，The Future of Folic Psychology：Intentionality and Cognitive Science. Cambridge：Cambridge University Press，1991.

［90］The Brain and its Boundaries.（review of C. McGinn，The Problem of Consciousness）. The Times Literary Supplement，1991-5-10（10）.

［91］A Dash to Solve the Puzzle of the Mind. Boston Globe，1991-12-8（A21，A24）.

［92］Hitting the Nail on the Head.（commentary on Thompson，Palacios and Varela）. Behavioral and Brain Sciences，1992，15：35.

［93］Time and the Observer：The Where and When of Consciousness in the Brain.（with M. Kinsbourne and with commentaries）. Behavioral and Brain Sciences，1992，15：183-247.

［94］Review of F. Varela，E. Thompson and E. Rosch，The Embodied Mind，and G. Edelman，Bright Air，Brilliant Fire. New Scientist，1992-6-13（48-49）.

[95] Review of F. Varela, E. Thompson and E. Rosch, The Embodied Mind. American Journal of Psychology, 1993, 106: 121-126.

[96] Living on the Edge. (reply to seven essays on Consciousness Explained). Inquiry, 1993, 36, March.

[97] The Message Is: There Is No Medium. Philosophy and Phenomenological Research, 1993, 53 (4): 889-931.

[98] Get Real. Philosophical Topics, 1994, 22 (1&2): 505-568.

[99] Our Vegetative Soul. (review of Antonio Damasio, Descartes' Error). The Times Literary Supplement, 1995, August 25: 34.

[100] How to Make Mistakes. //Brockman J, Matson K, et al. How Things Are. New York: William Mprrow, 1995, 137-144.

[101] Cow-sharks, Magnets and Swampman. Mind and Language, 1996, 11: 76-77.

[102] The Scope of Natural Selection. (reply to H. Orr, Dennett's Strange Idea). Boston Review, 1996, 21 (5).

[103] Appraising Grace: What Evolutionary Good Is God? (review of Walter Burkert, Creation of the Sacred: Tracks of Biology in Early Religions). Sciences, 1997, January/ February: 39-44.

[104] Letter to the Editor. New York Review of Books, 1997, 44 (13): 46-48.

[105] The Evolution of Evaluators. http://ase.tufts.edu/cogstud/ papers/ siena.htm [2008-12-10].

[106] Preston on Exaltation: Herons, Apples, and Eggs. The Journal of Philosophy, 1998, 95 (11): 576-580.

[107] The Evolution of Religious Memes: Who—or What—Benefits? Method Theory in the Study of Religion, 1998, 10: 115-128.

[108] Faith in the Truth. //Williams. The Values of Science (The Amnesty Lectures, Oxford, 1997). New York: Basic Books, 1999, 95-109.

[109] Making Tools for Thinking. //Sperber D. Metarepresentations: A Multidisciplinary Perspective. New York: Oxford University Press, 2000, 17-29.

[110] Are We Explaining Consciousness Yet? Cognition, 2001, 79 (1&2): 221-237.

[111] In Darwin's Wake, Where Am I? Proceedings and Addresses of the American Philosophical Association, 2001, 75 (2): 11-30.

[112] Collision, Detection, Muselot, and Scribble: Some Reflections on Creativity. In David Cope, Virtual Music: Computer Synthesis of Musical Style. Cambridge, MA: MIT Press, 2001, 283-291.

[113] Consciousness: How Much Is That in Real Money? //Gregory R.The Oxford Companion to the Mind, 2nd ed. Oxford: Oxford University Press, 2001.

[114] Things about Things. //Branquinho J.The Foundations of Cognitive Science. Oxford: Clarendon Press, 2001, 133-149.

[115] The Fantasy of First-Person Science. Third Draft. http://ase.tufts.edu/cogstud /papers /chalmersdeb3drt.htm [2009-3-7] .

[116] The Evolution of Culture. Monist, 2001, 84, 3: 305-324.

[117] The Evolution of Evaluators. //Nicita A, Pagano U. The Evolution of Economic Diversity. London: Routledge, 2001: 66-81.

[118] Altruists, Chumps, and Inconstant Pluralists (commentary on Soberand Wilson, Unto Others: The Evolution and Psychology of Unselfish Behavior) . Philosophy and Phenomenological Research, 2002, 65, 3: 692-696.

[119] The New Replicators.//Pagel M. Encyclopedia of Evolution. Oxford: Oxford University Press, 2002, 1: E83-E92.

[120] The Baldwin Effect: A Crane, Not a Skyhook.//Weber B H, Depew D J. Evolution and Learning: The Baldwin Effect Reconsidered. Cambridge, MA: MIT Press/A Bradford Book, 2003: 60-79.

[121] The Bright Stuff. New York Times, 2003-7-12.

[122] Postscript on the Baldwin Effect and Niche Construction. //Weber B H, Depew D J. Evolution and Learning: The Baldwin Effect Reconsidered. Cambridge : The MIT Press/A Bradford Book, 2003: 108-109.

[123] Shame on Rea. http: //ase.tufts.edu/cogstud/papers/rearesponse. htm [2009-3-7] .

[124] Holding a Mirror Up to Dupre (commentary on John Dupre, Human Nature and the Limits of Science) . Philosophy and Phenomenological Research, 2004, 69, 2: 473-483.

[125] From Typo to Thinko: When Evolution Graduated to Semantic Norms. //

Levinson S, Jaisson P. Culture and Evolution. Cambridge: The MIT Press, 2005

[126] Geography Lessons. New York Times Book Review, 2005-2-20 (6).

[127] Natural Freedom. Metaphilosophy, 2005, 36, 4: 449-459.

[128] From Typo to Thinko: When Evolution Graduated to Semantic Norms. //Levinson S, Jaisson P. Evolution and Culture. Cambridge: The MIT Press, 2006: 133-145.

[129] The Higher-Order Truths about Chmess. Topoi, 2006: 39-41.

[130] The God Delusion by Richard Dawkins. Free Inquiry, 2007, 27, 1.

[131] Heterophenomenology Reconsidered. Phenomenology and Cognitive Science, 2007, 6, 1 & 2: 247-270.

[132] Varieties of Content. Presentation at Concepts: Content and Constitution, A Symposium, University of Copenhagen, Amager, Denmark, 2007-5-12.

[133] What RoboMary Knows. //Alter T, Walter S. Phenomenal Concepts and Phenomenal Knowledge: New Essays on Consciousness and Physicialism. Oxford: Oxford University Press, 2007: 15-31.

[134] How to Protect Human Dignity from Science. http://www. bioethics. gov/reports/human_dignity/chapter3.html [2010-5-12].

[135] Competition in the Brain. World Question Center. Edge. Org, 2008, December, later published in Brockman, 2009.

[136] Daniel Dennett Autobiography Part 1. http: //www.philosophynow. org/issue68/Daniel_Dennett_Autobiography_Part_1 [2010-6-5].

[137] Daniel Dennett Autobiography Part 2. http: //www.philosophynow. org/issue69/Daniel_Dennett_Autobiography_Part_2 [2010-6-5].

[138] Daniel Dennett Autobiography Part 3. http: //www.philosophynow. org issue70/Daniel_Dennett_Autobiography_Part_3 [2010-6-5].

[139] Darwin's "Strange Inversion of Reasoning". Proceedings of the National Academy of the Sciences of the United Stateds of America, 2009, 106, suppl. 1: 10061-10065.

[140] Heterophenomenology. //Bayne T, Cleeremans A, Wilken P, et al. The Oxford Companion to Consciousness. Oxford: Oxford University Press, 2009: 345-346.

[141] Intentional Systems Theory.//McLaughlin B, Beckermann A, Walter

S. The Oxford Handbook of Philosophy of Mind. Oxford：Oxford University Press, 2009:339-350.

[142] Homunculi Rule：Reflections on Darwinian Populations and Natural Selection by Peter Godfrey-Smith.，http：//ase.tufts.edu/cogstud/papers/homunculi.pdf [2015-9-17] .

[143] Cycles（as an answer to the Edge Question 2011，“What Scientific Concept Would Improve Everybody’s Cognitive Toolkit?”）. World Question Center. Edge. Org，later published in Brockman，2012：81-88.

[144] Shall We Tango? No，but Thanks for Asking.（commentaries on Evan Thompson，Mind in Life，with replies）. Journal of Consciousness Studies，2011，18，5 & 6：23-34.

[145] Sakes and Dints. Times Literary Supplement，2012-3-2：12-14.

附录Ⅳ 国内外研究丹尼特的著作或论文集

[1] Dahlbom B. Dennett and his Critics：Demystifying Mind. Oxford：Blackwell，1993.

[2] Dilman I. Philosophy as Criticism：Essays on Dennett，Searle，Foot，Davidson，Nozick. New York：Continuum，2011.

[3] Elton M. Daniel Dennett：Reconciling Science and our Self-Conception. Cambridge：Polity，2003.

[4] McCarthy J. Dennett and Ricoeur on the Narrative Self. New York：Prometheus Books，2007.

[5] Ross D，Brook A，Thompson D. Dennett's Philosophy：A Comprehensive Assessment. Cambridge：The MIT Press，2000.

[6] Ross D，Brook A. Daniel Dennett. Cambridge：Cambridge University Press，2002.

[7] Symons J. On Dennett. Belmont：Wadsworth，2001.

[8] Symons J.Deniel Dennett：Critical Assessment of Leading Philosophers. London and New York：Routledge，2014.

[9] Thompson D. Daniel Dennett. New York：Continuum，2009.

[10] Zawidzki T. Dennett. Oxford：Oneworld Publication，2007.

[11] 加里・富勒 . 心灵哲学中的工具主义 .// 高新民，储昭华 . 心灵哲学 . 北京：商务印书馆，2002.

[12] 理查德・罗蒂 . 丹尼尔・丹尼特论内在性 .// 理查德・罗蒂 . 真理与进步 . 杨玉成译 . 北京：华夏出版社，2004.

[13] 纪虎民 . 丹尼特 .// 章士嵘，王炳文 . 当代西方著名哲学家评传・心智哲学 . 济南：山东人民出版社，1996.

[14] 高新民 . 工具主义战略 . // 高新民 . 现代西方心灵哲学 . 武汉：武汉出版社，1996.

[15] 高新民 . 取消论与解释主义的"本体论变革".// 高新民 . 人心与人生 . 北京：北京大学出版社，2006.

[16] 田平 . 工具主义 . // 田平 . 自然化的心灵 . 长沙：湖南教育出版社，

2000.

［17］刘高岑．丹尼特的意向立场理论．// 刘高岑．当代科学意向论．北京：科学出版社，2006.

［18］刘占峰．解释与心灵的本质——丹尼特心灵哲学研究．北京：中国社会科学出版社，2011.